Spennrath-Kirstein

Grundlagen der Elektrotechnik.

I. Teil.

Grundlagen der Elektrotechnik

von

O. Kirstein
Beratender Ingenieur.

Dritte neubearbeitete Auflage von:
Die Bedienung und Wartung elektrischer Anlagen und Maschinen

von

Jos. Spennrath
weil. Direktor der städt. gew. Schulen usw. in Aachen.

I. Teil: Einführung in die Grundlagen der Elektrotechnik.
II. Teil: Einführung in den Bau und die Wirkungsweise der elektrischen Maschinen.

Berlin W
Verlag von M. Krayn.
1923.

Einführung
in die
Grundlagen der Elektrotechnik

von

Joseph Spennrath.

Dritte neubearbeitete Auflage

von

O. Kirstein
Beratender Ingenicur.

Mit 135 Abbildungen im Text.

Berlin W
Verlag von M. Krayn.
1923.

Vorwort zur 3. Auflage.

Auf Veranlassung des Verlages habe ich die Bearbeitung der 3. Auflage von Spennrath: Die Bedienung und Wartung elektrischer Anlagen und Maschinen übernommen. Entsprechend dem neubearbeiteten Inhalt ist der Haupttitel geändert worden. Das Werk hat in seinen bisherigen Auflagen große Verbreitung und Anerkennung gefunden. Bei der Neubearbeitung war ich bestrebt, den Grundcharakter des Buches vor allem zu belassen, so daß das vorliegende Werk als Einführung in die Elektrotechnik dienen soll, und zwar zum Selbststudium als auch als Lehrbuch für Schulen. Vor allem habe ich die Praxis berücksichtigt, verschiedene Tabellen sind erweitert und der Jetztzeit entsprechend umgearbeitet. Bei dem Abschnitt über Blitzableiter sind die neuesten Forschungen berücksichtigt.

Ich habe das Bestreben gehabt, in einfacher, leicht verständlicher Form die Vorgänge darzustellen, damit jeder, der in die Grundlage der Elektrotechnik eindringen will, ohne große Anstrengung sich schnell über alle Fragen unterrichten kann. Das jedem Bande beigefügte Sachregister wird den Gebrauch des Buches erleichtern.

Berlin W 15, im Februar 1923.

O. Kirstein.

Inhaltsverzeichnis zu Band I.

Einleitung.

1. Kraft. Masse. Zu allem, was wir unternehmen, ist eine bestimmte Kraft nötig. Sie muß vorhanden sein, um Gegenstände fortbewegen zu können.

Sie ist die Ursache der Beschleunigung einer Masse. Nennen wir die Kraft P, die Beschleunigung p und die Masse m, so ist

$$P = m \cdot p$$

oder in Worten ausgedrückt: Die Kraft ist gleich dem Produkt aus Masse mal Beschleunigung.

Es ist bekannt, daß jeder Körper unter dem Einflusse der Schwere oder Anziehungskraft der Erde eine Beschleunigung beim freien Fall erfährt, so daß zwischen dem Gewicht eines Körpers, der Beschleunigung und der Masse folgende Beziehung besteht:

$$G = m \cdot g,$$

worin G das Gewicht, g die Beschleunigung des freien Falles und m die Masse bezeichnet.

Erfahrungsgemäß ist nun an demselben Punkte der Erde die Beschleunigung für alle Körper gleich groß. Für Mitteldeutschland ist sie zu 9,81 m/sec berechnet worden.

Ist aber die Beschleunigung an einem Punkte der Erde für alle Massen gleich groß, so folgt daraus, daß die Massen dem Gewichte der Körper proportional sind.

In der Technik sind die Grundeinheiten für die Länge das Meter (m), für die Zeit die Sekunde (sec) und für das Gewicht das Kilogramm (kg).

2. Arbeit. Nur durch Arbeit ist es möglich, daß die Wirtschaft aufrechterhalten bleibt, nur durch sie können die Menschen Werte schaffen, welche zum Unterhalt nötig sind. Um eine gewisse Arbeit zu verrichten, ist eine ganz bestimmte Kraft aufzuwenden, welche einen gewissen Weg zu durchlaufen hat.

Die Größe der Arbeit ist demnach abhängig von der Größe der aufgewendeten Kraft und von der Größe des Weges, welcher unter dem Einfluß der Kraft zurückgelegt ist.

Arbeit ist das Produkt aus Kraft und Weg. Nennt man die Arbeit A, den Weg s und die Kraft P, so ist

$$A = P \cdot s.$$

In der Technik gilt als Einheit der Arbeit das Meterkilogramm (mkg) oder das Kilogrammeter (kg/m), d. i. die Arbeit von 1 kg auf einem Wege von 1 m Länge.

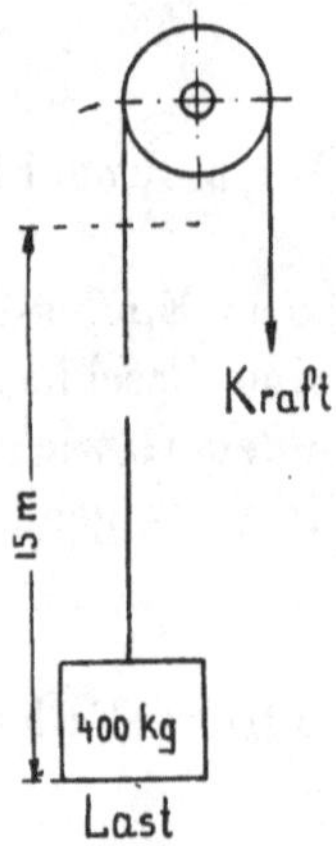

Fig. 1.

In Fig. 1 ist gezeigt, wie mit einer Rolle eine Last von 400 kg auf eine Höhe von 15 m gehoben wird. Die Kraft ist gleich 400 kg, der Weg gleich 15 m. Nach der Formel $A = P \cdot s$ ist

$$A = 400 \cdot 15 = 6000 \text{ m/kg}.$$

Es wird demnach, um eine Last von 400 kg 15 m hoch zu heben, eine Arbeit von 6000 m/kg geleistet werden müssen.

Im praktischen Leben dienen nun zur Unterstützung der Arbeiter Flaschenzüge, Winden, Hebel, schiefe Ebenen usw. Unter Zuhilfenahme dieser Maschinen wird die Arbeit nicht verringert, es wird aber an Kraft gespart, wobei dann eine Verlängerung des Weges zu berücksichtigen ist.

In Fig. 2 ist eine schiefe Ebene dargestellt, auf welcher ein Wagen von 800 kg Gewicht von der Ebene a auf die 10 m höher liegende Fläche b befördert werden soll. Wäre die schiefe Ebene nicht vorhanden, so müßte eine Kraft von 800 kg gebraucht werden. Da die schiefe Ebene vorhanden ist, wird der Weg verlängert, und zwar um das fünffache in dem vorliegenden Falle. Die aufzuwendende Kraft ist nun

$$800 \cdot \frac{10}{50} = 160 \text{ kg}.$$

Es ist demnach in dem vorliegenden Beispiel nur der fünfte Teil der Kraft aufzuwenden, da eine schiefe Ebene vorhanden ist.

3. Leistung. Arbeitsstärke. Effekt. Hierunter versteht man die in der Zeiteinheit verrichtete Arbeit, es ist demnach die in einer Sekunde geleistete Arbeit der Effekt. Man berechnet eine Leistung, indem man die Arbeit durch die Zahl der Sekunden dividiert. In obigem Beispiel sei der Wagen auf der schiefen Ebene während 40 Sekunden von unten nach oben befördert, so ist die Arbeitsleistung

$$\frac{8000}{40} = 200 \text{ mkg/sec.}$$

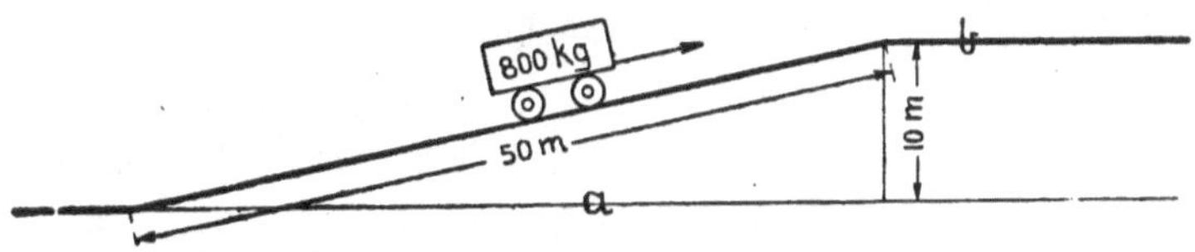

Fig. 2.

In der Technik legt man als Einheit eine Arbeitsleistung zugrunde, welche in einer Sekunde 75 mkg leistet, man nennt sie eine Pferdestärke (PS).

$$1 \text{ PS} = 75 \text{ mkg/sec.}$$

Die englische Pferdestärke (horsepower, HP) ist etwas größer als die deutsche. Es ist

$$1 \text{ HP} = 550 \text{ Fußpfund,}$$

wobei 1 Pfund = 0,454 kg und 1 Fuß = 0,305 m ist.

1 HP ist demnach gleich 550 · 0,454 · 0,305 kg = 76,159 mkg. Der Unterschied zwischen der deutschen und der englischen Pferdestärke ist demnach 1,159 mkg, es ist

$$1 \text{ HP} = 1{,}014 \text{ PS.}$$

Bezeichnen wir mit

A die Leistung in mkg,
PS die Leistung in Pferdestärken,
t die Zeit in Sekunden,

so erhalten wir die Formel

$$\text{PS} = \frac{A}{t}.$$

Eine Maschine von 10 PS gebrauche zur Verrichtung einer Arbeit von 45000 mkg eine Zeit, die nach vorstehender Formel berechnet werden soll.

$$t = \frac{A}{PS} = 45000 : 10 \cdot 75 = 45000 : 750 = 60.$$

D. i., um diese Arbeit zu leisten, gebraucht die Maschine 60 Sekunden oder 1 Minute.

Eine Maschine von 1000 PS leistet während 10 Stunden eine Arbeit von 1000 · 10 = 10000 PS/Std. = 10000 · 60 = 600000 PS/min. = 10000 · 3600 = 36000000 PS/sec.

3. Energie. Unter Energie versteht man die Fähigkeit eines Körpers, Arbeit zu verrichten. Wir unterscheiden in kinetische und potentielle Energie.

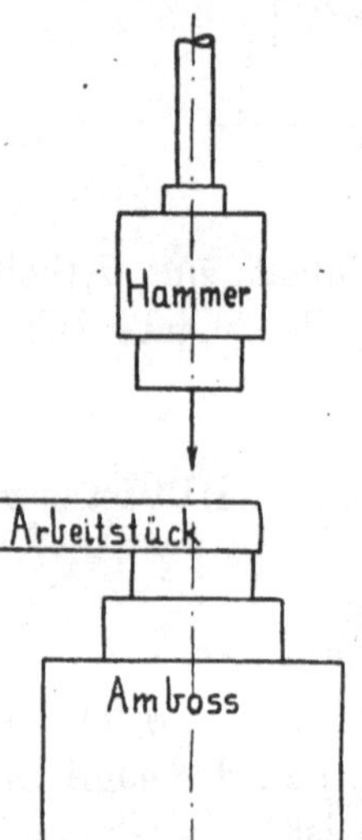

Fig. 3.

Kinetische Energie ist die Fähigkeit zur Arbeit, welche einem Körper innewohnt, der sich in Bewegung befindet. Man nennt diese Fähigkeit in der Physik lebendige Kraft.

So wird ein rollender Eisenbahnwagen andere, auf welche er stößt, in Bewegung setzen, eine Kanonenkugel wird Mauern und Bäume, auf welche sie in ihrem Fluge trifft, zerschmettern, ein fahrender Wagen wird kleine Hindernisse aus dem Wege räumen.

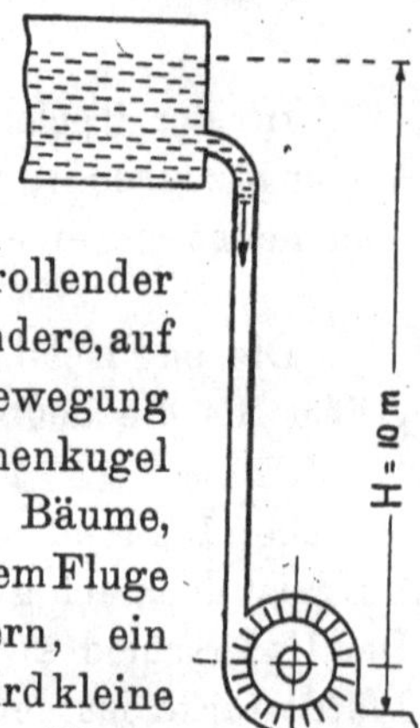

Fig. 4.

Im Gegensatz zu der kinetischen Energie ist potentielle Energie, die Arbeitsfähigkeit, welche ein Körper besitzt.

So wird (Fig. 3) ein herabfallender Hammer auf ein auf einem Amboß liegendes Arbeitsstück einwirken. In gleicher Weise treibt herabfallendes Wasser (Fig. 4) ein Wasserrad.

Die Schwerkraft wirkt mit gleicher Stärke und erzeugt so stets einen gleichen Zuwachs der Geschwindigkeit. Bezeichnet man mit v die nach t Sekunden erlangte Endgeschwindigkeit, mit g die Schwerkraft, so erhält man

$$v = gt, \quad s = \frac{1}{2} gt^2, \quad v = 2\sqrt{gs}.$$

Auch durch Temperaturunterschiede kann potentielle Energie geleistet werden:

Wenn z. B. bei einem Brande eines Gebäudes mit eisernen Trägern diese heiß werden, dehnen sie sich und treiben das Mauerwerk auseinander. Automobile und Gas-

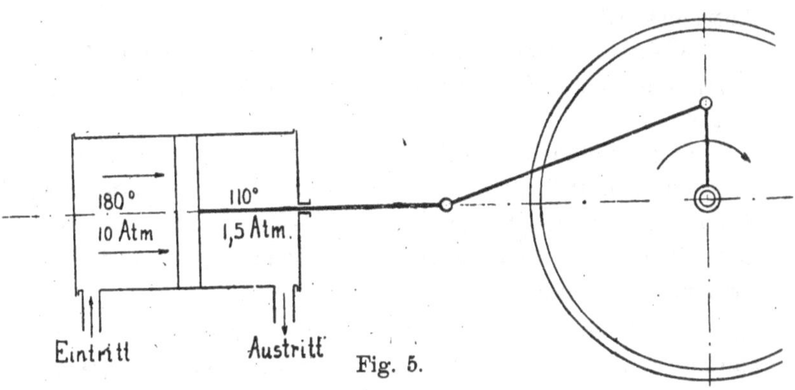

Fig. 5.

motoren werden durch diese Temperaturunterschiede angetrieben, ebenso Dampfmaschinen (Fig. 5).

Hochgespannte Dämpfe strömen in den Zylinder der Maschine und treiben den Kolben vor sich her. In Fig. 5 tritt der Dampf mit einem Druck von 10 at und einer Temperatur von 180° ein. Auf der Austrittsseite besteht ein Druck von nur 1,5 at bei 110°.

Man kann sich merken, daß man jede Energieform im allgemeinen in eine beliebige andere umformen kann, sowie daß sich jede Energieform in mechanische Arbeit und umgekehrt verwandeln läßt.

4. Kraftmaschinen. Die Kraftmaschinen kann man in zwei Gruppen einteilen, in solche, welche lebendig sind, und solche, welche belebt werden.

A. Lebende Maschinen sind Mensch und Tier.

B. Kraftmaschinen sind

Wasserkraftmaschinen Hierzu gehören Wasserräder, Turbinen, hydraulische Pressen.

Sie sind in ihrer Leistung abhängig von der Wassermenge und der Gefällshöhe. Pressen sind von dem Druck abhängig, mit dem das Wasser wirkt.

Windkraftmaschinen. Hierzu gehören die bekannten Windmühlen und die Windturbinen. Sie sind abhängig von der Stärke des Windes. Wegen der unregelmäßigen Stärke und Dauer in Deutschland ist der Wind eine unzuverlässige Antriebskraft.

Wärmekraftmaschinen. Hierzu rechnen Dampfturbinen, Dampfmaschinen, Heißluftmaschinen. Diese nutzen die Wärme indirekt aus.

Gasmaschinen, welche die Wärme in gasförmigem Zustand unmittelbar ausnutzen, der Brennstoff kann gasförmig sein, z. B. Steinkohlengas, oder er kann flüssig sein und für den Gebrauch erst vergast werden, z. B. Benzol, Benzin, Petroleum, Spiritus, Gasöl usw.

Die Leistung aller Dampf- und Gasmaschinen ist abhängig von der in der Sekunde auftretenden Dampf(Gas)-menge, von den Temperaturunterschieden zwischen dem zugeführten und abgeleiteten Dampf.

Elektromotoren. Diese werden mit Gleichstrom und Wechselstrom betrieben.

5. Wirkungsgrad. Wenn Arbeit geleistet wird, geht ein Teil derselben verloren, z. B. durch Reibung der Räder auf dem Pflaster, durch Reibung der Räder auf der Achse. Es muß demnach die zugeführte Energie größer sein, als die Nutzleistung an und für sich erfordert.

Man nennt „Gesamtwirkungsgrad“ das Verhältnis der gewonnenen Nutzarbeit zu der aufgewendeten Energie. Unter „Nutzleistung“ oder „effektiver Leistung“ versteht man die Arbeit in PS, welche von einer Maschine in einer Sekunde abgegeben wird.

Bei Dampfmaschinen und Gasmotoren spricht man sowohl von der effektiven Leistung (PS_e) als auch von der indizierten Leistung (PS_i), wobei man unter letzterer die in einer Sekunde auf den Kolben übertragene Arbeit in PS versteht. Die effektive Leistung ist stets um die Verluste in der Dampfmaschine kleiner als die indizierte.

Der Verlust ist stets gleich der Differenz aus der aufgenommenen und der abgegebenen Leistung.

Der Wirkungsgrad ist das Verhältnis von abgegebener zu aufgenommener Leistung. Bezeichnet man den Wirkungsgrad mit η, die aufgenommene Leistung mit La, die abgegebene Leistung mit Ln, so erhält man folgende Formeln

$$\eta = \frac{Ln}{La},\ Ln = \eta La,\ La = \frac{Ln}{\eta}.$$

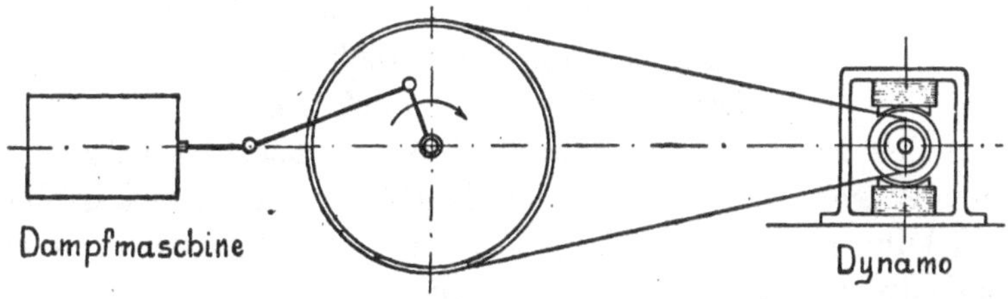

Fig. 6.

Unter „thermischem Wirkungsgrad“ versteht man das Verhältnis der induzierten Arbeit zu der aufgewendeten Wärme, unter „mechanischem Wirkungsgrad“ das Verhältnis zwischen effektiver und indizierter Leistung.

Das Produkt aus thermischem und mechanischem Wirkungsgrad nennt man „wirtschaftlichen Wirkungsgrad“.

Im Betriebe ist es nötig, daß der Wirkungsgrad ein möglichst hoher ist, d. i. daß die Verluste in den Kraftmaschinen auf ein Mindestmaß herabgesetzt werden.

Wenn man mehrere Übertragungsvorrichtungen anwendet, so ist der Gesamtwirkungsgrad gleich dem Produkt der Wirkungsgrade der einzelnen Antriebe.

In Fig. 6 ist der Antrieb einer Dynamo durch eine Dampfmaschine dargestellt. Die Kraftübertragung von der Dampfmaschine auf die Dynamo erfolgt durch Riemen.

Die Dynamo soll 100 kW leisten. Da 1 kW = 1,36 PS ist, muß die Dynamo 136 PS leisten. Sie habe einen Wirkungsgrad von 85 %, so daß ihr an der Riemenscheibe 136 : 0,85 = 160 PS zugeführt werden müssen. Nehmen wir an, daß der Riemen infolge Reibung einen Wirkungsgrad von 98 % habe, so müssen wir am Schwungrad der Dampfmaschine 160 : 0,98 = rd 163 PS zur Verfügung haben. Besitzt die Dampfmaschine einen Wirkungsgrad von 0,8, so muß sie 163 : 0,8 = rd 200 PS leisten.

Der Gesamtwirkungsgrad beträgt somit 136 : 204 = 0,67.

In der nachstehenden Tabelle sind die Durchschnittswerte einiger Wirkungsgrade aufgeführt:

Wassermotoren	0,65—0,88
Dampfmotoren	0,68—0,90
Verbrennungsmotoren	0,70—0,85
Elektromotoren	0,80—0,94
Riemenscheiben	0,97—0,98

Einen nicht unerheblichen Faktor macht die mehr oder minder gute Konstruktion der Maschinen aus, ebenso ist der Wirkungsgrad von der Belastung abhängig. Mit abnehmender Belastung nimmt auch der Wirkungsgrad ab.

Bei der Auswahl der Betriebsart darf nicht nur der Wirkungsgrad maßgebend sein, es müssen auch die Betriebskosten berücksichtigt werden. So kann z. B. bei billigem Bezug von Braunkohle eine Lokomobile wesentlich billiger arbeiten als ein Elektromotor, für dessen Antrieb der Strom zu teuren Preisen eingekauft werden muß. Ebenso kann eine Wasserkraftmaschine bei vorhandenem Wasser billiger arbeiten als irgendeine andere Antriebsmaschine, trotzdem ihr Wirkungsgrad an und für sich niedriger sein kann als der einer anderen Maschine, für die aber der Betriebsstoff teuer zu bezahlen ist.

6. Kupplungen. Übersetzungen. Kupplungen dienen zur Verbindung von Antriebsmaschinen mit Arbeitsmaschinen, wenn die Umdrehungszahlen übereinstimmen, z. B. werden Pumpen oft mit Motoren direkt gekuppelt. Es gibt Kupplungen der verschiedensten Konstruktion, zur Verbindung mit Elektromotoren werden meist elastische Kupplungen benutzt. Bohrmaschinen werden durch biegsame Wellen mit dem Motor verbunden, ebenso Schmirgel- und ähnliche Maschinen.

Übersetzungen werden dann angewendet, wenn die Umdrehungszahlen zwischen Antriebs- und Arbeitsmaschine verschieden sind, z. B. wenn langsam laufende Dampfmaschinen schnellaufende Dynamos betreiben sollen.

Hier gilt der Satz, daß das Produkt aus dem Durchmesser der antreibenden Maschine und der Umdrehungszahl gleich dem Produkt des Durchmessers der angetriebenen Maschine und der Umdrehungszahl ist.

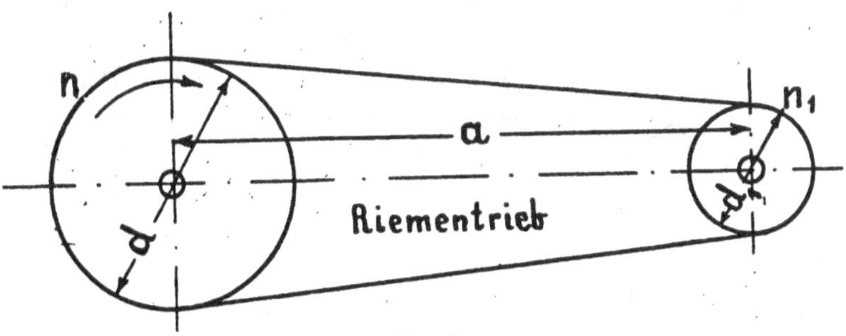

Fig. 7.

Bezeichnet man mit (Fig. 7)

d den Durchmesser der Antriebsmaschine,

d_1 „ „ „ angetriebenen Maschine,

n die Umdrehungszahl der Antriebsmaschine,

n_1 „ „ „ angetriebenen Maschine,

so ist

$$d \cdot n = d_1 \cdot n_1, \quad \frac{d}{d_1} = \frac{n_1}{n}.$$

Hieraus ergibt sich der Satz.

Die Durchmesser verhalten sich umgekehrt wie die Umdrehungszahlen.

Wenn demnach drei Größen bekannt sind, können wir die vierte berechnen. Es ist

$$d = \frac{d_1 \cdot n_1}{n}; \quad n = \frac{d_1 \cdot n_1}{d}, \quad d_1 = \frac{d \cdot n}{n_1}, \quad n_1 = \frac{d \cdot n}{d_1}.$$

Es sei z. B. $d = 100$, $n = 200$, $n_1 = 1000$. Berechnet soll der Durchmesser der angetriebenen Scheibe werden. Da der Riemen auf der Scheibe rutscht, muß dieser Verlust berücksichtigt werden. Er betrage 3 %, so ist

$$d_1 = \frac{d \cdot n \cdot 1{,}03}{n_1} = \frac{100 \cdot 200 \cdot 1{,}03}{100} = 20{,}6.$$

Die Riemen, welche zum Antrieb benutzt werden, müssen aus bestem Leder bestehen. Die Enden werden, um einen stoßfreien Gang zu erzielen, zweckmäßig verleimt oder mit Nähriemen genäht. Schlösser zum Verbinden von Riemen sind nicht gut, da die Lager durch das jedesmalige Aufschlagen des Schlosses auf die Scheibe sehr stark beansprucht werden. Der Riemen läuft mit der Fleischseite auf der Scheibe.

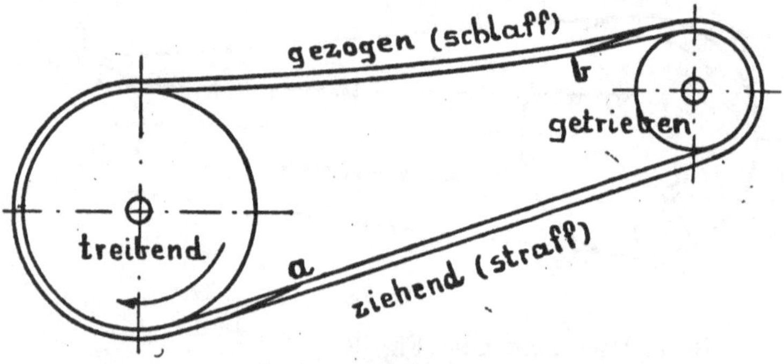

Fig. 8.

Beim Auflegen ist darauf zu achten, daß die Enden des Riemens nicht gegen die Scheiben laufen. Fig. 8 zeigt die richtige Lage des Riemens. Die Enden a und b laufen nicht gegen die Scheibe.

Bevor Riemen verwendet werden, müssen sie gestreckt sein, damit sie sich nicht im Betrieb zu stark dehnen. Wenn die Riemen sich in der ersten Zeit dehnen, sollen sie nicht sofort verkürzt, sondern auf der Laufseite mit Rindertalg eingefettet werden. Bei Elektromotoren werden die Spannschienen nachgestellt, so daß der Riemen wieder die nötige Spannung erhält. Harz- und säurehaltige Fette dürfen niemals benutzt werden, da sie das Leder angreifen.

Um die Länge eines Riemens zu bestimmen, addiert man den Durchmesser der beiden Riemenscheiben, multipliziert die erhaltene Zahl mit 3,14, dividiert diese Zahl durch 2 und addiert hierzu die doppelte Entfernung von Achsmitte zu Achsmitte. Um die nötige Auflagefläche für das Verleimen zu erhalten, nimmt man den Riemen 10—20 cm länger, als die errechnete Zahl ergibt.

Den günstigsten Antrieb erhält man, wenn die Riemen in horizontaler Lage angeordnet werden (Fig. 8). Das höchst zulässige Übersetzungsverhältnis kann hierbei 10:1 sein. Das untere Trum soll ziehend sein.

Wenn die getriebene Scheibe mit ihrem höchsten Punkte höher oder in gleicher Höhe wie die antreibende Scheibe

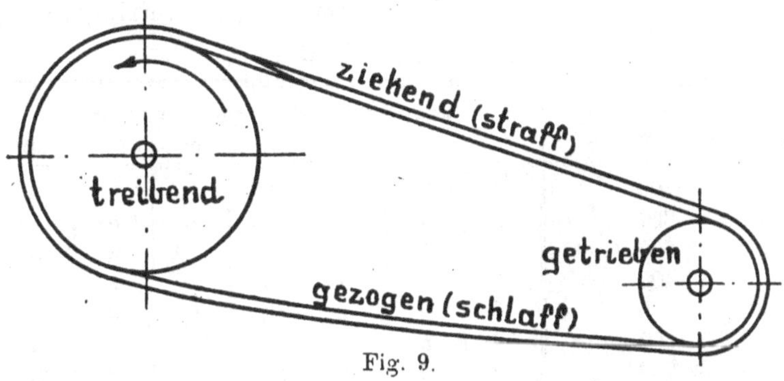

Fig. 9.

liegt (Fig. 8), so soll das untere Riementrum gleichfalls das ziehende sein. Das Übersetzungsverhältnis soll nicht über 8:1 genommen werden.

Ist die Anordnung so getroffen, daß die getriebene Scheibe mit ihrem höchsten Punkte tiefer als die antreibende Scheibe liegt (Fig. 9), so wird das obere Trum ziehend. Das Übersetzungsverhältnis wird nicht größer als 7:1 gewählt.

Der Durchmesser der angetriebenen Scheibe darf nicht zu klein gewählt werden. Die Firmen geben stets die Mindestdurchmesser an, welche niemals unterschritten werden sollen. Überhaupt soll der Durchmesser nicht zu klein genommen werden, da der Riemen beim Laufen über zu kleine Scheiben zu sehr beansprucht wird.

Einfache Riemen haben eine Stärke von 4—8 mm, Doppelriemen eine solche von 8—16 mm. Die Stärke soll 1 % des Scheibendurchmessers nicht überschreiten.

Die zu übertragende Umfangskraft soll auf 1 qmm Riemenquerschnitt 0,15 kg bei Einfachriemen und 0,115 kg bei Doppelriemen nicht übersteigen.

Die Riemengeschwindigkeit liegt zwischen 12 und 30 m.

Die Riemenscheibe muß größer sein als die Breite des Riemens. Man rechnet, wenn man mit b die Breite des Riemens bezeichnet, daß die Riemenscheibe gleich 1,1 b + 10 mm ist.

In der folgenden Tabelle sind die zulässigen Belastungen in Kilogramm angegeben auf 1 cm Riemenbreite unter der Annahme, daß der Antrieb ungefähr horizontal erfolgt. Bei steilem Antrieb sind die Werte um 20 % zu verringern.

A. Einfache Riemen.

Durchm. der kleinen Scheibe in mm	Riemengeschwindigkeit in m/sec						
	3	5	10	15	20	25	30
100	2	2,5	3	3	3,5	3,5	3,5
200	3	4	5	5,5	6	6	6,5
300	4	5	6	6,5	7,5	8	8,5
400	5	6	7	8	9	9,5	10
500	6	7	8	9	10	10,5	11
600	7	8	9	10	11	11,5	12,5
750	8	9	10	11	12	12,5	13
1000	9	10	11	12	13	13,5	14
1500	10	11	12	12,5	13,5	14	14,5
2000	11	12	13	13,5	14	14,5	15

B. Doppelriemen.

Durchm. der kleinen Scheibe in mm	Riemengeschwindigkeit in m/sec						
	3	5	10	15	20	25	30
300	5	6	7	8	9,5	9,5	10
400	6,5	8	9	10	11	11,5	12
500	8	9,5	11	12	13	13	13,5
600	9,5	11	12	13,5	15	15,5	16
750	11	12,5	14	16,5	17,5	18	18,5
1000	13	15	17	19	21	21,5	22
1500	15	17	19	21	23	24,5	26
2000	17	19	21	23	25	26,5	28

Unter Riemengeschwindigkeit versteht man den Weg, welchen ein Riemen in einer Sekunde in Metern zurücklegt.

Mit vorstehender Tabelle bestimmt man die Riemenbreite in Zentimeter folgendermaßen. Man stellt die Riemengeschwindigkeit fest und die Kraft, welche der Riemen bei der gefundenen Geschwindigkeit für die gegebene Leistung zu übertragen hat, und erhält hieraus die Riemenbreite.

Eine Dynamo erfordere bei 800 Umdrehungen in der Minute 30 PS. Der Scheibendurchmesser betrage 400 mm. Die Riemengeschwindigkeit v ist gleich dem Umfang der Scheibe mal Umdrehungszahl dividiert durch 60.

$$v = \frac{400 \cdot 3{,}14 \cdot 800}{60} = 16{,}7 \text{ m.}$$

Die zu übertragende Kraft ist gleich der Leistung in mkg/sec dividiert durch die Riemengeschwindigkeit. Bezeichnet man die Kraft mit K, so erhält man

$$K = \frac{30 \cdot 75}{16{,}7} = 135 \text{ kg.}$$

Nach Tabelle A sind für eine Geschwindigkeit von 15 m, welche Zahl 16,7 am nächsten liegt, bei einem Durchmesser von 400 mm 8 kg/qcm zulässig. Da der Riemen mit einer Kraft von 135 kg beansprucht werden soll, ergibt sich die Riemenbreite zu 135 : 8 = 17 cm.

Die Riemenscheiben werden zumeist aus Gußeisen, für kleinere Antriebe aus Holz hergestellt. In feuchten Räumen sollen jedoch hölzerne Scheiben nicht verwendet werden, da sie sich leicht ziehen.

Die treibende Scheibe ist flach (zylindrisch), die getriebene schwach ballig gedreht.

Die Wellen sind 6–8 m lang, der Abstand der Wellen voneinander beträgt nicht unter 5 m. Man kann ungefähr folgende Entfernungen annehmen

Breite des Riemens in cm	6	8	10	12	14	16	18	20
Größter Achsenabstand in m	5,2	5,6	6	6,4	6,8	7,2	7,6	8.

Das Übersetzungsverhältnis soll möglichst nicht 1 : 5 überschreiten, als Höchstwert soll 1 : 6 gelten.

In Fig. 10 ist der Antrieb dargestellt. Das obere Bild zeigt den normalen, geraden Antrieb, wobei beide Scheiben dieselbe Drehrichtung haben. Im unteren Bilde ist der gekreuzte Antrieb zu sehen, die beiden Scheiben haben entgegengesetzte Drehrichtung, die Riemen werden hierzu gekreuzt.

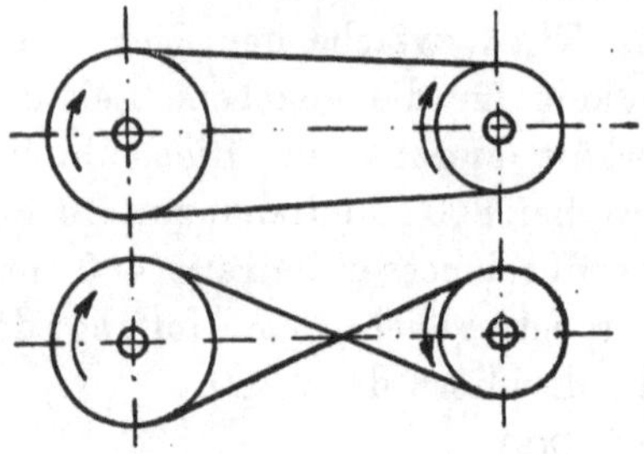

Fig. 10.

In Fig. 11 sind Zahnradantriebe dargestellt, wie sie z. B. für die Kraftübertragung bei Drehbänken und Straßenbahnmotoren Verwendung finden. Bei Elektromotoren werden die Räder aus Rohhaut hergestellt, wodurch ein ruhiger Gang erzielt wird. Diese Rohhauträder werden unter starkem Druck gepreßt und besitzen eine hohe Widerstandskraft. Es arbeiten nie zwei Rohhauträder aufeinander, das eine Rad besteht vielmehr aus Stahl, Bronze, Gußeisen.

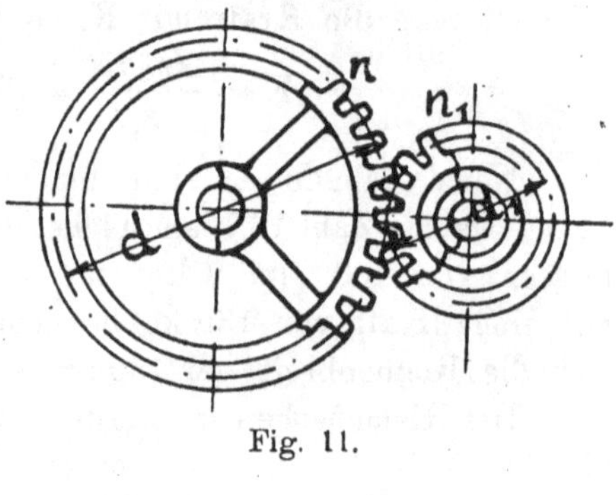

Fig. 11.

Das Übersetzungsverhältnis der Zahnräder bestimmt sich aus der Zahl der ineinandergreifenden Zähne.

Es ist

$$\frac{\text{Zähnezahl des treibenden Rades}}{\text{Zähnezahl des getriebenen Rades}} = \frac{\text{Drehzahl des getriebenen Rades}}{\text{Drehzahl des treibenden Rades}}$$

Das Produkt aus der Zähnezahl des antreibenden Rades und der Drehzahl des antreibenden Rades ist gleich dem Produkt aus der Zähnezahl des angetriebenen Rades und der Drehzahl des angetriebenen Rades.

Es gibt drei Arten von Zahnradantrieb.

Getriebe mit parallelen Wellen (Fig. 12),
Getriebe mit sich schneidenden Wellen (Fig. 13),
Getriebe mit sich kreuzenden Wellen (Fig. 14).

Zahnräder müssen im Betriebe gegen Berührung geschützt werden, indem Schutzkappen aus Blech über die gesamte Konstruktion gesetzt werden.

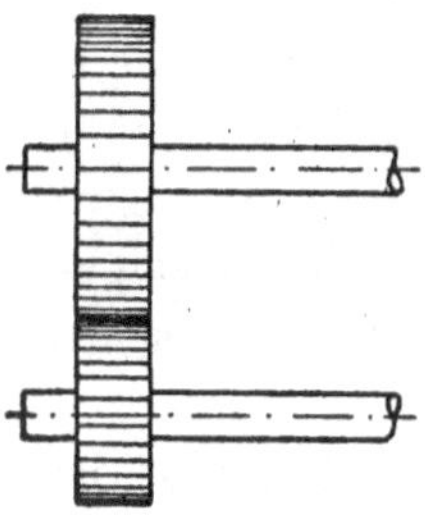

Fig. 12.

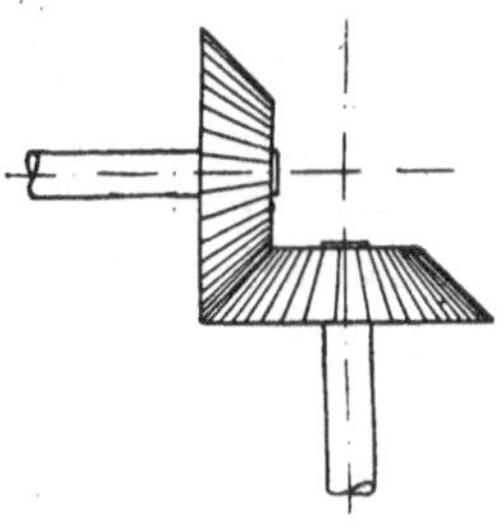

Fig. 13.

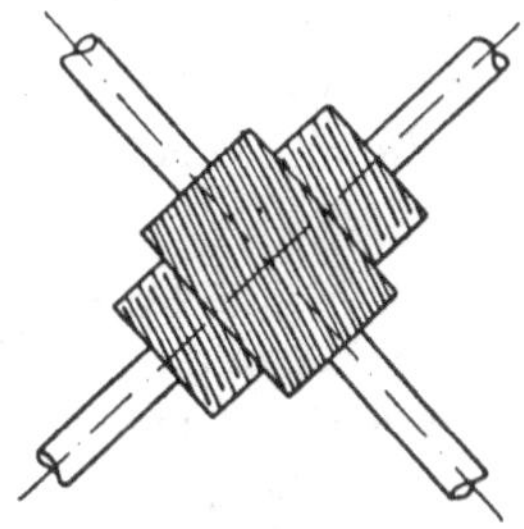

Fig. 14.

Eigenschaften und Wirkungen der Elektrizität.

Wissen wir auch nicht, was Elektrizität ist, so können wir uns doch derselben in weitestem Umfang bedienen. Wir kennen die Gesetze und Bedingungen, unter welchen wir elektrischen Strom erzeugen, fortleiten und verwenden können. Stets ist es notwendig, daß eine gewisse Spannung, ein gewisses Gefälle vorhanden ist. Ebenso wie wir Wasser nur zur Krafterzeugung verwenden können, wenn es ein bestimmtes Gefälle besitzt, ebenso ist es mit der Elektrizität. Wir wissen, daß wir auf dünnen Drähten hochgespannten Strom weithin leiten können, wir können gewaltige Energien durch dünne Drähte senden, wenn wir das nötige Gefälle haben.

Schon die Alten kannten die gewaltige Kraft des Blitzes, vermochten sich aber über das Wesen nicht klar zu werden.

In der Elektrizität unterscheiden wir Leiter und Nichtleiter. Auf bestimmten Körpern läßt sich der Strom gut fortleiten, auf anderen gar nicht. Zwischen beiden stehen die sogenannten Halbleiter.

Die ersten Beobachtungen über die Elektrizität sind von Gray im Jahre 1728 gemacht worden.

Zu den Leitern gehören die Metalle, Salzlösungen, Erde, Wasser, der menschliche Körper, zu den Nichtleitern Fette, Öle, Glas, Porzellan, Seide, Baumwolle, Guttapercha, Harze, trockene Luft.

Wie ein Kessel, wenn der Dampfdruck in ihm zu stark wird, explodieren kann, so kann auch der einen Leiter umhüllende Nichtleiter durchschlagen werden, wenn die Spannung zu groß wird. Aus diesem Grunde muß auf eine gute Isolation von Drähten geachtet werden, um Zerstörungen von Maschinen, Brände und Beschädigungen von Menschen zu verhindern.

Wenn man in einem Kessel Dampf entwickelt, so ist dieser in ruhendem Zustande. Erst dadurch, daß man den Dampf in ein Rohr eintreten läßt, fängt er an, sich zu bewegen. In Fig. 15 ist ein Dampfkessel A dargestellt, in welchem ein Druck von 5 at herrscht. Wird er mit dem Gefäß B, in welchem ein Druck von 1 at besteht, verbunden, so strömt in das Gefäß B so lange Dampf ein, bis in ihm derselbe Druck wie in A herrscht. Erst dann entsteht wieder ein Ruhezustand.

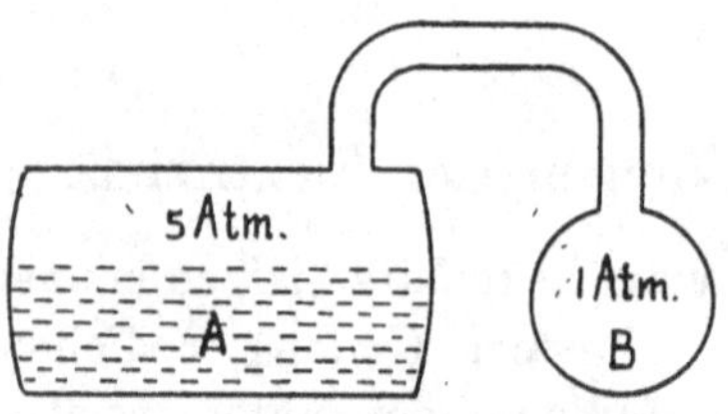

Fig. 15.

Dieselbe Erscheinung haben wir bei der Elektrizität. Wird eine Metallkugel A (Fig. 16) elektrisch geladen, so bleibt die Ladung so lange im Zustande der Ruhe, bis ein Abfließen ermöglicht wird, z. B. durch Verbindung mit der Kugel B, welche 2 Volt Spannung haben möge. Das Abfließen dauert so lange, bis auf beiden Kugeln gleiche Spannungsverhältnisse vorhanden sind.

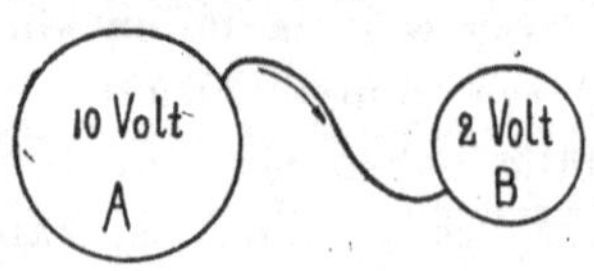

Fig. 16.

Der elektrische Strom fließt stets von dem Punkte höherer Spannung nach dem niederer Spannung.

Der Strom verläuft nun nicht im Innern eines Leiters, sondern auf dessen Oberfläche. Führt man einer Kugel (Fig. 17) Elektrizität von der Mitte zu, so bewegt sie sich nach allen Seiten, bis sie auf einen Nichtleiter trifft, z. B. Luft oder Seide. An der Oberfläche lagert die Elektrizität wie eine Haut auf dem Leiter.

Bei isolierten Drähten (Fig. 18) lagert sich eine dünne Schicht von Elektrizität zwischen Leiter und Nichtleiter.

Dufay beobachtete zuerst im Jahre 1730, daß es zwei entgegengesetzte Elektrizitäten gibt, eine, die man positive, eine, die man negative nennt.

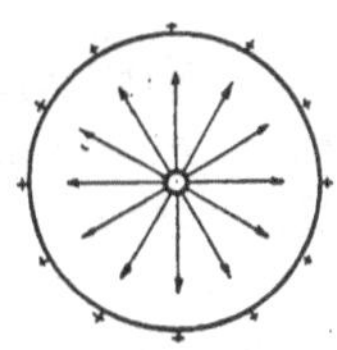

Fig. 17.

Es ergibt sich das Gesetz, daß sich ungleichnamige Elektrizitäten anziehen, gleichnamige abstoßen.

Fig. 18.

Man kann Körper durch Reiben elektrisch machen, und zwar bei Reiben mit Glas positiv, bei Reiben mit Harz negativ elektrisch.

In der Elektrotechnik unterscheiden wir zwischen Gleichstrom und Drehstrom.

Wenn auf der Kugel A (Fig. 16) die Spannung dauernd größer bleibt als auf der Kugel B, so wird der Strom stets von A nach B abfließen. Diesen Strom nennen wir Gleichstrom.

Wird die Anordnung so getroffen, daß einmal der Strom von A nach B und dann von B nach A fließt, so haben wir es mit einem Wechselstrom zu tun. In der Verbindungsleitung wird dann der Strom einmal von A nach B und dann von B nach A fließen.

Diesen Strom nennen wir Wechselstrom.

Die Zahl der Wechsel in einer Sekunde kann verschieden groß sein, von wenigen bis in die Millionen. In der Starkstromtechnik wird heute zumeist mit einer Zahl von 50 gearbeitet. In der drahtlosen Telegraphie erreichen die Wechsel sehr hohe Werte.

Wenn durch ein Rohr Wasser fließt, wird ein Teil der Energie durch Reibung an den Wandungen vernichtet. Ebenso ist es bei dem elektrischen Strom.

Der Widerstand ist abhängig von

der Länge der Leitung,
dem Querschnitt der Leitung,
dem Material.

Mit zunehmender Länge wächst der Widerstand, und zwar direkt proportional mit der Länge. Mit zunehmendem Querschnitt nimmt der Widerstand ab, und zwar umgekehrt im Verhältnis zu dem Querschnitt. Ferner ist der Widerstand in hohem Maße von dem Material abhängig. Manche Materialien, wie Silber und Kupfer, leiten den Strom viel besser als z. B. Kohle.

Nach dem Reichsgesetz vom 1. Juni 1898 ist das Ohm die Einheit des elektrischen Widerstandes. Es wird dargestellt durch den Widerstand einer Quecksilbersäule von der Temperatur des schmelzenden Eises, deren Länge bei durchweg gleichem, 1 qmm gleich zu achtenden Querschnitt 106,3 cm, und deren Masse 14,4521 g beträgt.

Außer diesem Ohm kennen wir noch ein „legales“ Ohm, welches nach einer Länge von 106 cm bestimmt wurde, ferner die „Siemenssche Quecksilbereinheit“, die durch eine Länge von 100 cm, und die „British Association-Einheit“, welche durch eine solche von 104,87 cm bestimmt wurde.

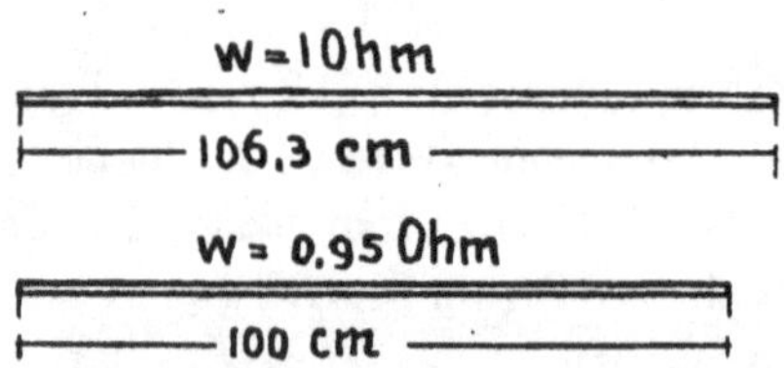

Fig. 19.

In Fig. 19 sind zwei Fäden aus Quecksilber dargestellt, deren einer bei 106,3 cm einen Widerstand von 1 Ohm hat, während der andere Faden von 100 cm Länge einen Widerstand von 0,95 Ohm besitzt.

Dividiert man 100 : 106,3, so erhält man 0,95. Diese Zahl 0,95 stellt den spezifischen Widerstand des Quecksilbers dar.

Unter spezifischem Widerstand versteht man die Zahl, welche angibt, wie groß der Widerstand eines Drahtes von 1 m Länge und 1 qmm Querschnitt ist im Vergleich mit Quecksilber als Einheit.

Der spezifische Widerstand ist von der Temperatur abhängig, und zwar steigt er bei Metallen mit wachsender Temperatur, während er bei Kohle und flüssigen Widerständen mit wachsender Temperatur abnimmt.

In der nachstehenden Tabelle sind für eine Reihe von Leitern die spezifischen Widerstände und die Temperaturkoeffizienten, bezogen auf 15° C, angegeben.

Material	spez. Widerstand	Temperaturkoeffizient
Aluminium, gewalzt	0,02874	0,0037
Kupfer mit 10% Aluminium	0,29	0,0005—0,001
Blei	0,2	0,0037
Eisenblech	0,13	0,0046
Eisendraht	0,135	0,0046
Gold	0,022	0,0035
Kupfer, rein	0,0162	0,004
Magnesium	0,0455	0,0038
Messingdraht	0,085	0,0012
Neusilber	0,38	0,00007
Nickel	0,11	0,004
Platinsilber	0,20	0,0002
Platin	0,094	0,00235
Quecksilber	0,9532	0,000873
Silber, weich	0,0158	0,0036
Silber, hart	0,0175	0,0036
Stahldraht	0,172	0,0052
Zink	0,061	0,0039
Zinn	0,12	0,0045
Konstantan	0,488	0,00003
Manganin	0,43	0,00001
Kruppin	0,85	0,0007
Nickelin I	0,43	0,00002

Von Flüssigkeiten werden nur Lösungen von Salzen in Wasser gebraucht. Ihr spezifischer Widerstand ist stets größer als der von festen Leitern. Er nimmt mit der Steigerung der Temperatur zu. Ebenso ist der spezifische Widerstand sehr von der chemischen Zusammensetzung abhängig.

In der nachstehenden Tabelle sind die Widerstände für 1 cbcm Lösung mit verschiedenen Prozentgehalten bei 18° C gegeben.

Prozentgehalt	Salpetersäure HNO_3	Salzsäure HCl	Schwefelsäure H_2SO_4	Kupfervitriol $CuSO_4$
5	3,9	2,6	4,8	53
10	2,2	1,6	2,6	30
15	1,6	1,4	1,9	24
20	1,4	1,3	1,5	
25	1,3	1,4	1,4	
30	1,3	1,5	1,4	
35	1,3	1,7	1,4	
40	1,4	2,0	1,5	
50	1,6		1,9	
60	2,0		2,7	
70	2,6		4,7	
80	3,8		9,9	

Wie aus dieser Tabelle ersichtlich ist, nehmen die Widerstände zuerst ab, bei Salpetersäure ist dann wieder eine Zunahme bei einer Lösung von 40%, bei Salzsäure von 25%, bei Schwefelsäure von 40% festzustellen.

Wie wir gesehen haben, ist der Widerstand von verschiedenen Faktoren abhängig, von der Länge, dem Querschnitt und dem verwendeten Material.

Bezeichnet man

die Länge mit l in m,
den Querschnitt mit q in qmm,
die Materialkonstante mit c,

so erhält man folgende Formel

$$W = \frac{c \cdot l}{q},$$

hieraus ergeben sich folgende weitere Formeln

$$c = \frac{W \cdot q}{l}, \qquad l = \frac{W \cdot q}{c}, \qquad q = \frac{c \cdot l}{W}.$$

Mit Hilfe dieser Formeln kann man bei drei bekannten Größen die vierte berechnen, z. B. es sei ein Widerstand von 50 Ohm zu berechnen, der aus Eisen hergestellt werden soll. Seine Länge soll 50 m betragen.

Es ist

$$q = \frac{c \cdot l}{W} = \frac{0{,}135 \cdot 50}{50} = 0{,}135.$$

Der Querschnitt muß 0,135 qmm betragen.

Bildet man den umgekehrten (reziproken) Wert des Widerstandes, so erhält man die „Leitfähigkeit". Diese Zahl gibt an, wieviel mal besser oder schlechter ein Körper den elektrischen Strom als ein anderer leitet.

Je größer der Widerstand eines Körpers ist, um so schlechter leitet er, je geringer der Widerstand ist, um so besser leitet er.

Nachstehend ist noch eine Tabelle gegeben, in welcher der spezifische Widerstand von Nichtleitern angegeben ist.

Material	Spez. Widerstand in Megohm/cm	Material	Spez. Widerstand in Megohm/cm
Vulkanfiber	53	Paraffin	3900000000
Benzin	14000000	Hartgummi	4200000000
Paraffinöl	8000000	Hartporzellan	30000000000
Benzol	1300	Holzteer	1700000000
Zelluloid	71000—79000	Ozokerit, roh	450000000
Olivenöl	1000000	Preßspan	11000
Glimmer	2300000	Marmor	495
Glas	8200000	Linoleum	1300000
Stabilit	24000000	Mikanit	6500000000

Eine ganz besondere Stellung nimmt das Selen ein. Seine Leitfähigkeit ist im Dunkeln gering. Sobald es aber belichtet wird, wächst die Leitfähigkeit sehr an. Das Selen wird in Zwischenräume von Messing gebettet, die Enden werden mit den Anschlußdrähten verbunden. Im Dunkeln besitzt es einen Widerstand von 10000 Ohm, bei Belichtung kann derselbe auf 100 Ohm herabgesetzt werden.

Eine Vorrichtung, welche auf einer Veränderung des Widerstandes beruht, besitzen wir in dem Fritter oder Kohärer (Fig. 20). In einem Glasröhrchen sind zwei kleine Kolben K 1 und K 2 untergebracht, zwischen denen rauhe Kügelchen F aus Eisen, Nickel, Silber oder dgl. locker beieinander liegen. Der Widerstand ist ein sehr hoher. Sobald dieses Röhrchen von elektrischen Wellen getroffen wird, treten zwischen den Metallkügelchen kleine Fünkchen auf, welche ein oberflächliches Zusammenschweißen derselben bewirken. Der Widerstand nimmt jetzt ganz bedeutend ab. Wird diese Röhre in die Leitung eines galvanischen Elementes mit einer Klingel eingeschaltet, so wird beim Auffallen von Funken die Klingel angeben. Sobald die Kügelchen durch vorsichtiges Klopfen gegen die Wandungen wieder gelockert werden, wird der Strom unterbrochen. Kommen neue Wellen, so wird wieder ein Zusammenschweißen eintreten, die Klingel ertönt wieder. So setzt sich das Spiel fort, solange Wellen auf den Fritter treffen, und solange das Klopfwerk in Betrieb ist.

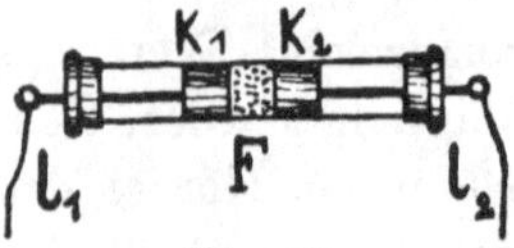

Fig. 20.

Die Fritter spielen in der Funkentelegraphie eine bedeutende Rolle.

Für die Messung der elektrischen Energie stehen uns keine der sonst üblichen Meßmittel zur Verfügung. Wir können sie nicht der Länge nach messen, nicht dem Gewicht nach feststellen, alle bekannten Maße versagen. Wir können ihre Größe nur an der Größe der durch sie hervorgerufenen Wirkungen feststellen.

Zur Messung können wir die Abstoßung benutzen, welche zwei mit gleichen Elektrizitätsmengen geladene Körper aufeinander ausüben. Diese abstoßende Kraft ist bei einer bestimmten Entfernung der Körper voneinander nur abhängig von der vorhandenen Menge der Elektrizität. Die Größe dieser Kraft bestimmt die Größe der auf den Körpern befindlichen Elektrizitätsmengen.

Als Einheit gilt das Coulomb. Diese besitzt z B. jeder von zwei Körpern (Fig. 21), welche sich in der Luft bei einem Abstande von 1000 m mit einer Kraft von 917 kg abstoßen. Stoßen sie sich mit 1834 kg ab, so haben wir auf jedem Körper 2 Coulomb, bei 2751 kg 3 Coulomb usw.

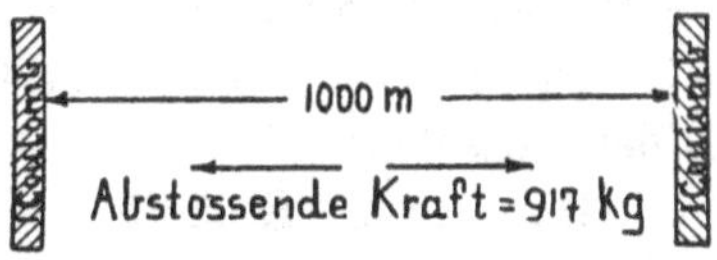

Fig. 21.

Wenn wir durch eine Rohrleitung (Fig. 22) Wasser fließen lassen, so spricht man von der Stärke des Wasserstromes, wobei man die Wassermenge versteht, welche in 1 sec durch einen beliebigen Querschnitt fließt. Hat das Rohr z. B. bei b einen Querschnitt von 10 qcm, durch welchen das Wasser mit einer Geschwindigkeit von 1 m/sec fließt, so fließt in jeder Sekunde 1 l Wasser durch b und strömt bei c in das Gefäß B, in dem sich in einer bestimmten Zeit eine Wassermenge ansammelt, welche gleich der Stromstärke mal der Anzahl der Sekunden ist, während der der Strom durch die Leitung fließt. Würde z. B. das Wasser durch den Querschnitt mit der Stromstärke von 1 l/sec fließen, so ist durch das Rohr eine Wassermenge von $60 \cdot 60 \cdot 1 = 3600$ l geflossen. A ist um diesen Betrag entleert, B um diesen Betrag angefüllt.

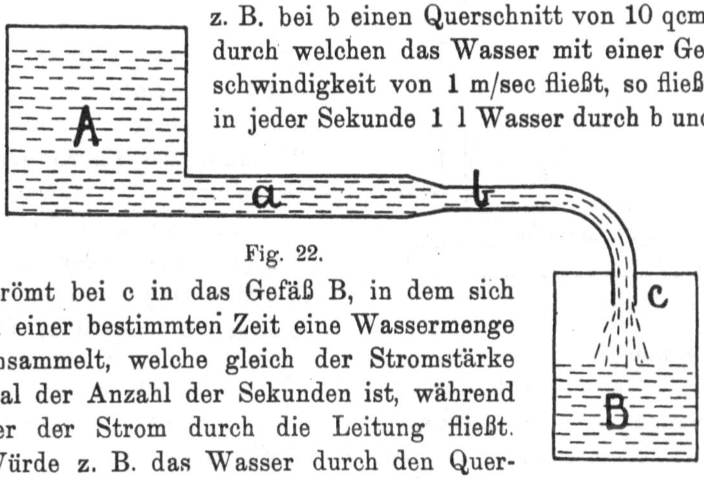

Fig. 22.

In der Fig. ist das Stück a mit einem größeren Querschnitt als b versehen. Es ist klar, daß durch den Querschnitt von a in der Zeiteinheit nicht mehr Wasser abfließen kann, als durch den Querschnitt b geschafft werden kann.

Nach dem Reichsgesetz vom 1. 6. 1898 haben wir für die elektrische Stromstärke eine Definition, welche folgendermaßen lautet:

Das Ampere ist die Einheit der elektrischen Stromstärke. Es wird dargestellt durch den unveränderlichen elektrischen Strom, welcher bei dem Durchgang durch eine wässerige Lösung von Silbernitrat in einer Sekunde 0,001 118 g Silber ausscheidet.

Um diese Einheit festzustellen, wird folgende Versuchsanordnung getroffen. Ein Silbervoltameter (Fig. 23) wird in dem Platintiegel P mit einer Lösung von Silbernitrat gefüllt. In dieser Lösung steht ein Silberstab S.

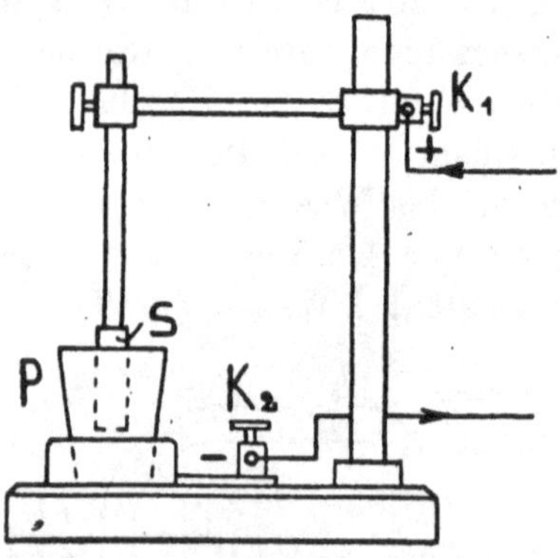

Fig. 23.

Der Strom tritt über die Klemme K_1 in das Voltameter, durchläuft dasselbe und kehrt durch die Klemmen K_2 zum Element zurück. Der Niederschlag an Silber, welcher sich auf der inneren Wandung des Platintiegels abscheidet, wird gewogen, nachdem vor dem Beginn des Versuches der leere Tiegel gewogen war. Das Mehrgewicht ergibt die Silbermenge.

Das Coulomb bildet die Einheit der Strommenge, welche in einer Sekunde befördert wird. Bezeichnet man das Coulomb mit C, die Stromstärke mit J und die Zeit mit t, so erhält man folgende Gleichungen

$$C = J \cdot t,\ J = \frac{C}{t},\ t = \frac{C}{J}.$$

1 Amperesekunde ist gleich 1 Coulomb.

1 Amperestunde ist gleich 3600 Coulomb.

Es ist nun nicht nötig, daß ein Ampere eine Stunde durch die Leitung fließt, um eine Amperestunde zu erhalten; es können auch

360 Amp. während 10 sec oder 36 Amp. während 100 sec die Leitung durchfließen. Lediglich das Produkt aus der Zahl der Ampere und der Zeit muß den Wert ergeben, wobei die Faktoren die verschiedensten Werte erhalten können.

Wie wir bereits sahen, muß zum Wirksamwerden einer Elektrizitätsmenge eine Spannung auftreten, es muß ein Abfließen erfolgen können.

In der Elektrotechnik nennen wir diese Kraft „Spannung" und bezeichnen sie mit Volt. Nach dem genannten Reichsgesetz ist das Volt die Einheit der elektromotorischen Kraft. Es wird dargestellt durch die elektromotorische Kraft, welche in einem Leiter, dessen Widerstand ein Ohm beträgt, einen elektrischen Strom von 1 Amp. erzeugt.

Um also in einem Leiter einen Strom von 1 Amp. zu erzeugen, muß in dem Leiter, dessen Widerstand 1 Ohm beträgt, eine Kraft von 1 Volt wirken. Der Widerstand wächst mit der Spannung. Bei doppelter Spannung und gleich bleibender Stromstärke verdoppelt sich der Widerstand. Nimmt außer der Spannung auch die Stromstärke zu, so wächst der Widerstand entsprechend dem Produkt aus Stromstärke und Spannung.

Wird z. B. die Stromstärke verdoppelt und ebenso der Widerstand, so steigt die Spannung auf das Vierfache.

Das Ohmsche Gesetz gibt die Beziehungen zwischen Spannung, Stromstärke und Widerstand an. Es besagt: Spannung ist gleich dem Produkt aus Stromstärke mal Widerstand.

Bezeichnet man die Spannung mit E, die Stromstärke mit J und den Widerstand mit W, so ist

$$E = J \cdot W.$$

Hieraus ergeben sich folgende Formeln

$$J = \frac{E}{W}, \quad W = \frac{E}{J}.$$

Auf diesem Ohmschen Gesetze beruhen alle Formeln für die Berechnungen von Leitungen. Sie ist die wichtigste Formel in der Elektrotechnik.

Es sei z. B. in einer Leitung die Spannung 220 Volt, ein Motor gebrauche 10 Amp. Es soll der Widerstand des Motors berechnet werden.

Nach vorstehender Formel ist

$$W = \frac{E}{J} = \frac{220}{10} = 22 \text{ Ohm.}$$

Der Motor hat somit einen Widerstand von 22 Ohm.

Einem Motor M (Fig. 24) sei ein Nickelinwiderstand w_1 vorgeschaltet, welcher einen Drahtquerschnitt von 1,5 qmm und eine Länge von 77 m hat.

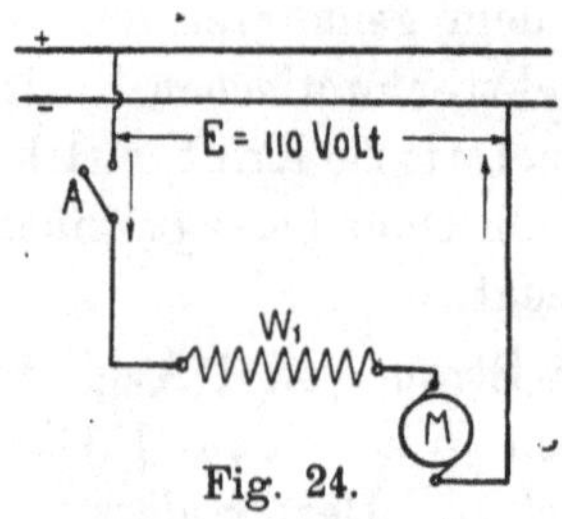

Fig. 24.

Es soll berechnet werden, wie groß die Stromstärke beim Einschalten des Hebels A ist, wenn der Widerstand der Zuleitung und des Motors bei einer Netzspannung von 110 Volt 1 Ohm beträgt.

Es ist
$$J = \frac{E}{W}$$
$$W = w_1 + w_2.$$
$$w_1 = \frac{c \cdot l}{q} = \frac{0{,}43 \cdot 77}{1{,}5} = 22 \text{ Ohm.}$$

Demnach wird $W = 22 + 1 = 23$ Ohm.

Nach der Formel $J = \frac{E}{W}$ ist

$$J = 110 : 23 = \text{rd. } 4{,}8 \text{ Amp.}$$

Die Stromstärke beim Einschalten beträgt demnach rd. 4,8 Amp.

Die Leistung einer Wasserkraftanlage setzt sich zusammen aus dem Produkt der in einer Sekunde zufließenden Wassermenge und der Gefällshöhe.

Wenn z. B. einem Wasserrade in einer Sekunde 500 l Wasser bei einem Gefälle von 10 m zufließen, so erhält man, abgesehen von den Verlusten, eine Leistung von

$$500 \cdot 10 = 5000 \text{ mgk/sec} = 5000 : 75 = 66{,}6 \text{ PS.}$$

Bei der elektrischen Energie liegen die Verhältnisse ganz ebenso. Der Effekt ist das Produkt aus der Stromstärke und der Spannung.

Bezeichnet man den Effekt mit L,
die Stromstärke mit J,
die Spannung mit E, so ist

$$L = J \cdot E,\ J = \frac{L}{E},\ E = \frac{L}{J}.$$

Die Einheit der Leistung ist das Voltampere, welche man mit Watt bezeichnet.

1 Watt ist die Leistung, welche von 1 Amp. in einem Leiter mit 1 Volt Endspannung in einer Sekunde hervorgebracht wird.

Für die Praxis ergibt das Watt zu kleine Werte, man nimmt daher in der Praxis den tausendfachen Wert und bezeichnet ihn mit Kilowatt (kW). 1 kW = 1000 Watt.

Multipliziert man den in kW erhaltenen Wert mit der Zeit, so erhält man die elektrische Arbeit. Als Einheit gilt

60 Wattsekunden = 1 Wattminute,
3 600 000 Wattsekunden = 1 Kilowattstunde (kWh)

Diese kWh ist in der Praxis die Einheit der elektrischen Arbeit.

Ein Motor sei für eine Leistung von 2,2 kW bestimmt. Es soll die Stromstärke berechnet werden, welche dem Motor bei einer Spannung von 110, 220, 440 Volt zugeführt werden muß.

Bei 110 Volt: J = 2200 : 110 = 20 Amp.
„ 220 „ : J = 2200 : 220 = 10 „
„ 440 „ : J = 2200 : 440 = 5 „

Wir sehen also, daß mit zunehmender Spannung für dieselbe Motorgröße die Stromstärke abnimmt. In die Praxis umgesetzt, bedeutet es, daß wir bei höherer Spannung erheblich mehr Motoren mit demselben Querschnitt versorgen können als bei niederer. Aus diesem Grunde sind die Werke im Lauf der Zeit zu einer Steigerung der Netzspannung übergegangen.

Eine Dynamo leiste bei einer Stromstärke von 800 Amp. 440 kW. Es soll die Spannung des Motors berechnet werden.

$$E = L : W = 440000 : 800 = 550 \text{ Volt.}$$

Der Motor muß also für 500 Volt gewickelt sein.

Die Arbeit bei Dampfmaschinen wird meist in PS gemessen, die der Motoren in kW. Es soll nun eine Beziehung zwischen beiden Größen gesucht werden.

$$1 \text{ mkg/sec} = 9{,}81 \text{ Watt.}$$

$$1 \text{ Watt} = \frac{1}{9{,}81} = 0{,}102 \text{ mkg/sec.}$$

$$1 \text{ PS} = 75 \cdot 9{,}81 = 736 \text{ Watt} = 0{,}736 \text{ kW.}$$

$$1 \text{ kW} = \frac{1}{0{,}736} = 1{,}36 \text{ PS.}$$

Ein Motor nehme bei einer Spannung von 110 Volt 40 Amp. auf. Sein Wirkungsgrad sei 0,9. Die Leistung soll berechnet werden.

$$40 \cdot 110 = 4400 \text{ Watt} = 4{,}4 \text{ kW.}$$

Der Motor hat eine Leistung von 4,4 kW.

Eine Dynamo erzeuge rd. 56 kW. Dies entspricht einer Leistung von $56 \cdot 1{,}36 = 76{,}16$ PS. Der Wirkungsgrad sei 0,8, so ist eine Leistung von $76{,}16 : 0{,}8 = 95{,}2$ PS nötig.

Wird der elektrische Strom nicht zur Verrichtung mechanischer Arbeit verwendet, so verwandelt er sich in Wärme, nach dem Grundgesetz, daß von einer vorhandenen Energie nichts verloren geht. Es ist dies das Gesetz von der Erhaltung der Energie.

Die Wärmemenge ist abhängig von der Stromstärke und der Zeit, sowie von der vorhandenen elektromotorischen Kraft.

Als Einheit der Wärmemenge haben wir die Kalorie, d. i. die Wärmemenge, welche nötig ist, um 1 kg Wasser um 1 Grad zu erwärmen.

Zur Erwärmung einer Wassermenge um 20 Grad sind demnach 20 Kalorien nötig usw.

Es ist festgestellt, daß 1 kg Calorie durch 427 mkg Arbeit erzeugt werden kann, demnach ist

$$1 \text{ kg Cal.} = 427 \text{ mkg},$$
$$1 \text{ mkg} = 1:427 = 2{,}34 \text{ gcal}.$$

Durch 75 mkg/sec werden 0,1755 kgcal hervorgebracht, durch 1 kW demnach $0{,}1755 \cdot 1000 : 736 = 0{,}24$ kgcal, 1 gcal ist gleich 4,17 Wattsekunden, 1 kgcal = 1,16 Wattstunden.

Es sei Q die Wärmemenge in gcal,
J = Stromstärke in Amp.
E = elektromotorische Kraft in Volt,
t die Zeit in Sekunden,

so ist $Q = 0{,}24 \; J \cdot E \cdot t.$

Da $E = \frac{J}{W}$ ist, erhalten wir

$$Q = 0{,}24 \cdot J \cdot J \cdot W \cdot t = 0{,}24 \; J^2 \cdot W \cdot t.$$

Die Wärme nimmt also im Quadrat der Stromstärke, dem Widerstand und der Zeit proportional zu.

Nach dem Entdecker dieses Gesetzes heißt dasselbe das Joulesche Gesetz. Die entwickelte Wärme nennen wir die Joulesche Wärme.

Durch einen Drahtwiderstand von 11 Ohm (Fig. 25) werden bei einer Spannung von 110 Volt während 15 Minuten 10 Amp. gesandt. Die erzeugte Wärmemenge soll berechnet werden.

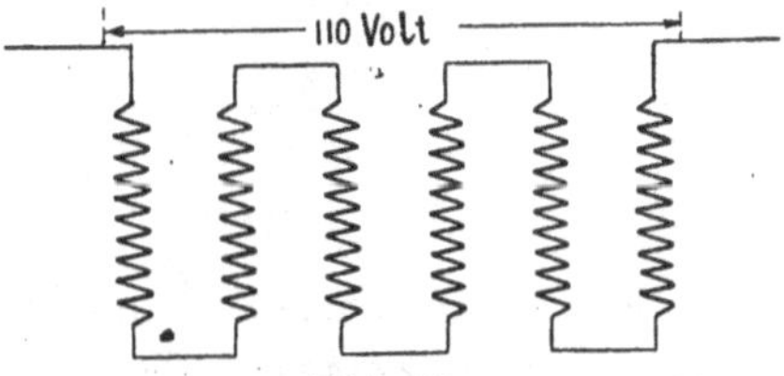

Fig. 25.

$$Q = 0{,}24 \; J^2 \cdot W \cdot t = 0{,}24 \cdot 10 \cdot 10 \cdot 11 \cdot 15 \cdot 60 = 237600 \text{ gcal} = 237{,}6 \text{ kgcal}.$$

Diese Wärmemenge reicht aus, um, abgesehen von den Verlusten, 24 l Wasser um 10 Grad zu erwärmen.

Ziehen wir aus den vorstehenden Betrachtungen den Schluß, so sehen wir, daß elektrische Leitungen

a) nicht mit jeder beliebigen Stromstärke belastet werden dürfen,

b) für eine bestimmte Stromstärke keinen zu großen Widerstand besitzen dürfen.

Werden diese Bedingungen nicht erfüllt, so geht ein Teil des Stromes bereits in den Leitungen durch Erwärmung verloren. Diese Erwärmung kann durch fehlerhafte Anordnung so hoch steigen, daß die Leitungen zum Glühen kommen. Es muß also Vorsorge getroffen werden, daß eine Überlastung der Leitung vermieden wird Geschieht dies nicht, so treten Kurzschlüsse auf, worunter wir die unmittelbare Berührung von Drähten verschiedener Spannung verstehen oder die Berührung derselben durch einen Körper, welcher sehr geringen Widerstand besitzt.

So treten Kurzschlüsse in Dynamos und Motoren auf, wenn dieselben überlastet werden, und die Isolation allmählich durch Erhitzung verkohlt.

Ferner treten bei Leitungsbrüchen Kurzschlüsse auf, wenn sich die beiden Leitungen berühren. Welche Kräfte hierbei auftreten können, sei an einem Beispiel gezeigt.

Es sei auf eine Leitung von 110 Volt ein 2,5 qmm starker Draht von 1 m Länge gefallen. Die entstehende Stromstärke soll berechnet werden. Es ist

$$J = \frac{E}{W}, W = \frac{c \cdot l}{q} = \frac{1}{57 \cdot 2,5} = 1 : 142,5 = 0,0007 \text{ Ohm}$$

$$J = 110 : 0,007 = 15714 \text{ Amp.}$$

Bei plötzlichem Auftreten derartiger Strommengen muß die Leitung in kürzester Zeit glühend werden und durchschmelzen.

Je größer die Kraftquelle ist, um so heftiger können derartige Ströme auftreten und Schaden anrichten.

Ebenso gefährlich ist die Berührung hochgespannter Leitungen für Gesundheit und Leben von Personen. Nasser Standpunkt vergrößert die Gefahr, da hierdurch der Widerstand verringert wird. Je trockener eine Person steht, um so sicherer ist sie. Es sollte jedoch unter allen Umständen vermieden werden, an stromführenden Leitungen zu arbeiten, zumal schon bei verhältnismäßig geringeren Spannungen tötliche Wirkungen aufgetreten sind.

Es gibt nun aber Schutzvorrichtungen, welche dem Auftreten derartiger hoher Ströme wirksam begegnen können. Dies sind die sogenannten Sicherungen.

Sie bestehen aus kurzen Metallstreifen, welche einen niedrigen Schmelzpunkt haben, sodaß bei einer auftretenden Erwärmung dieselben bereits durchschmelzen, bevor die Leitung eine gefährliche Erwärmung annehmen kann.

Fig. 26 zeigt die Anordnung von Sicherungen. Die Dynamo D ist durch Sicherungen S und S 1 geschützt, ebenso ist die Licht- und Kraftanlage durch Sicherungen s

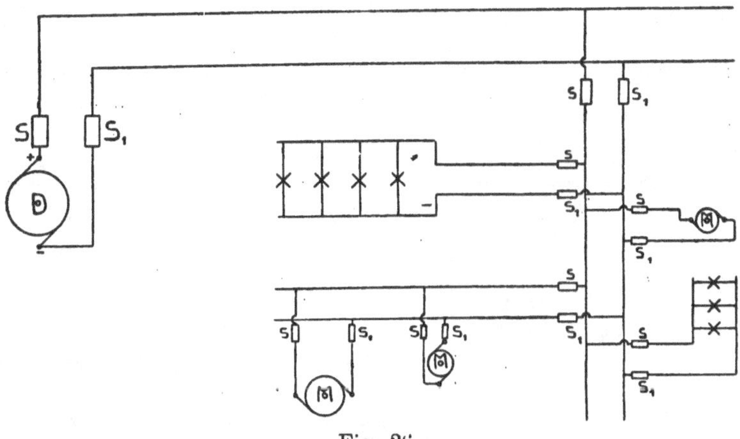

Fig. 26.

und s 1 geschützt. Die Speiseleitung besitzt Sicherungen. Von dieser Leitung gehen zu den Lampen und den Motoren M wieder Sicherungen ab, welche in ihrer Größe abgestuft werden, so zwar, daß die Sicherungen vor den Verbrauchsapparaten immer schwächer sind als die der Speiseleitungen und der Dynamo.

Wir haben für große Stromstärken Streifensicherungen, für niedrigere Stromstärken und Installationen werden die Sicherungen meist in Patronenform benutzt.

Als Material dient Silber oder eine Legierung von Silber, welche bei Überlastung durchschmilzt, ohne daß die Leitung gefährdet wird.

Bedingung ist, daß die Sicherungen der Gebrauchsstromstärke angepaßt sind, wie sie in den Vorschriften des Verbandes Deutscher Elektrotechniker festgelegt sind. Jede unsachgemäße Sicherung ist unstatthaft und einer Brandstiftung gleichzuachten. Auch selbstreparierte Sicherungen sollen nicht benutzt werden, da sie die Anlage gefährden.

Nachstehend sind für die verschiedensten Kupferleitungen Daten gegeben über Querschnitt, Durchmesser, Gewicht von 1000 m in kg, zulässige Stromstärke und Nennstromstärke für die entsprechende Abschmelzsicherung in Amp.

Querschnitt in qmm	Durchmesser in mm	Gewicht von 1000 m in kg	Zulässige Stromstärke in Amp.	Nennstromstärke in Amp.
0,75	1	6,71	9	6
1	1,13	8,9	11	6
1,5	1,38	13,4	14	10
2,5	1,79	22,3	20	15
4	2,26	35,6	25	20
6	2,77	53,4	31	25
10	3,57	89,0	43	35
16	4,52	142,0	75	60
25	5,65	223,0	100	80
35	6,68	312,0	125	100
50	7,98	445,0	160	125
70	10,90	633,0	200	160
95	12,60	860,0	240	200
120	14,50	1085,0	280	225
150	15,80	1356,0	325	260
185	17,60	1680,0	380	300
240	20,40	2180,0	450	350
310	22,80	2820,0	540	430
400	26,30	3640,0	640	500
500	29,40	4570,0	760	600
625	32,90	5730,0	880	700
800	37,20	7340,0	1050	850
1000	41,60	9220,0	1250	1000

Schaltungen.

Wenn wir eine Wasserkraft ausnutzen wollen, können wir entweder, von einer Stelle ausgehend, z. B. Mühlen hintereinander treiben, wie dies bei Gewässern mit genügendem Gefälle geschieht, oder wir können an einer Stelle mehrere Wasserräder treiben, wobei dann, im Gegensatz zu der ersten Art, jedes Rad mit besonderem Wasser versorgt werden muß.

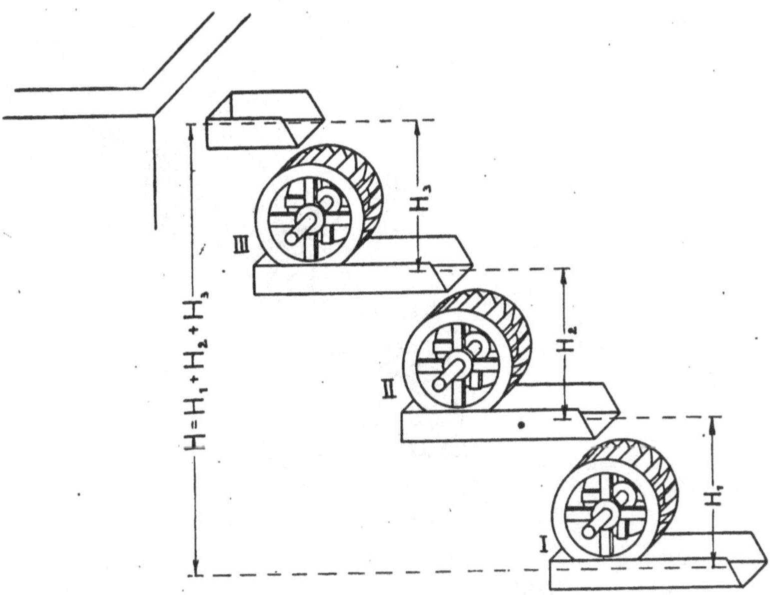

Fig. 27.

Fig. 27 zeigt z. B. die Ausnutzung einer Wasserkraft mit mehreren hintereinanderliegenden Wasserrädern. Das Wasser fällt zuerst in das Rad III, treibt dieses an, verläßt das Rad, fließt durch Rad II, indem es dasselbe antreibt und gelangt zu Rad I, welches auch gedreht wird. Sämtliche Räder werden mit derselben Wassermenge angetrieben. Bei dieser Anordnung ist noch das Gefälle des Wassers an den einzelnen Rädern in Rechnung zu stellen. In der Figur sind die drei Gefälle H_1, H_2 und H_3 einander gleich. Das Gesamtgefälle ergibt sich aus der Addition der drei Einzelgefälle,

$$H = H_1 + H_2 + H_3.$$

Ist die Wassermenge gleich, und sind die Gefälle verschieden, so leistet jedes Rad eine Arbeit, welche gleich dem Produkt aus Wassermenge und Gefälle ist.

In Fig. 28 sind an einer Stelle drei Räder nebeneinander aufgestellt. Das Gefälle für die drei Räder I, II und III ist dasselbe. Jedes Rad erfordert seine besondere

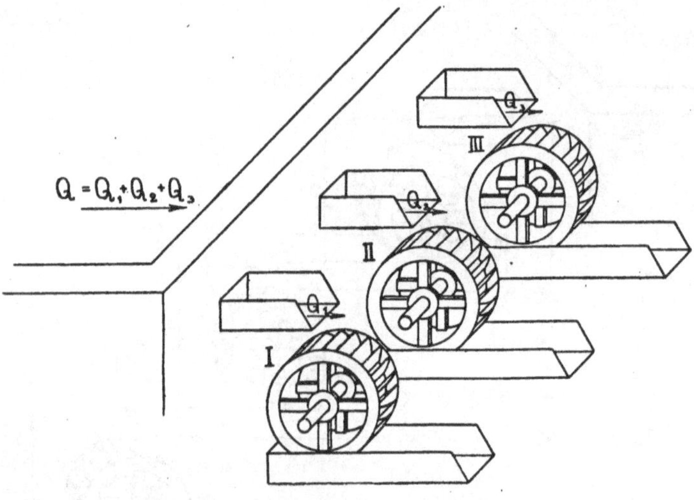

Fig. 28.

Wassermenge. Hieraus ergibt sich, daß die nötige Wassermenge mit der Zahl der Wasserräder wächst. Die nötige Gesamtwassermenge ist

$$Q = Q_1 + Q_2 + Q_3.$$

Wird in Fig. 27 das Wasser für Rad III abgestellt, so können die Räder I und II auch nicht arbeiten. Bei der Schaltung nach Fig. 28 ist jedoch jedes Rad für sich, unabhängig von den anderen, betriebsbereit.

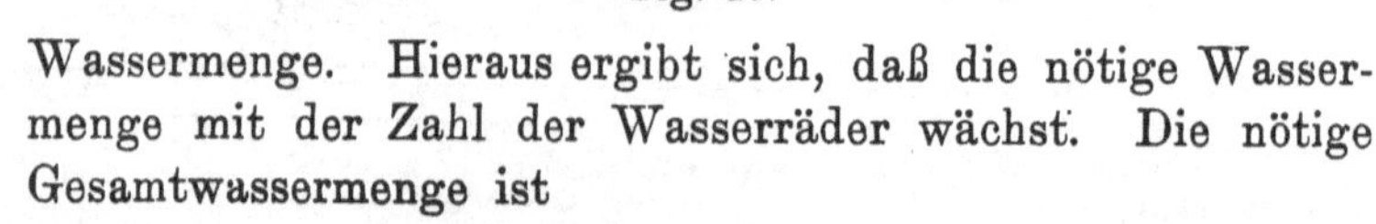

Fig. 29.

In der Elektrotechnik haben wir ganz ähnliche Vorgänge. Fig. 29 zeigt neun Glühlampen in Hintereinander- oder Serienschaltung, Fig. 30 drei Motoren in Serienschaltung.

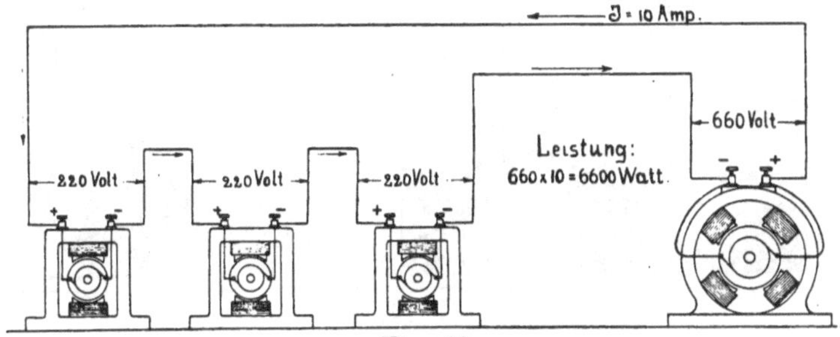

Fig. 30.

Bei der Serienschaltung (Fig. 29) leuchten sämtliche Lampen in Abhängigkeit voneinander auf. Erlischt eine Lampe, so müssen alle Lampen erlöschen. Der Strom bringt die Lampen der Reihe nach zum Glühen, die elektromotorische Kraft aber wächst mit der Zahl der hintereinander geschalteten Lampen. Haben wir z. B. 9 Lampen von je 110 Volt, so erhalten wir die erforderliche Gesamtspannung von $9 \cdot 110 = 990$ Volt. Die Stromstärke ist aber dieselbe geblieben.

Die Motoren nach Fig. 30 haben zusammen 10 Amp. nötig. Jeder Motor aber hat eine Spannung von 220 Volt. Diese Spannungen addieren sich bei drei Motoren zu einer Gesamtspannung von $3 \cdot 220 = 660$ Volt.

Schalten wir die neun Glühlampen in Parallelschaltung, so erhalten wir eine Schaltung nach Fig. 31.

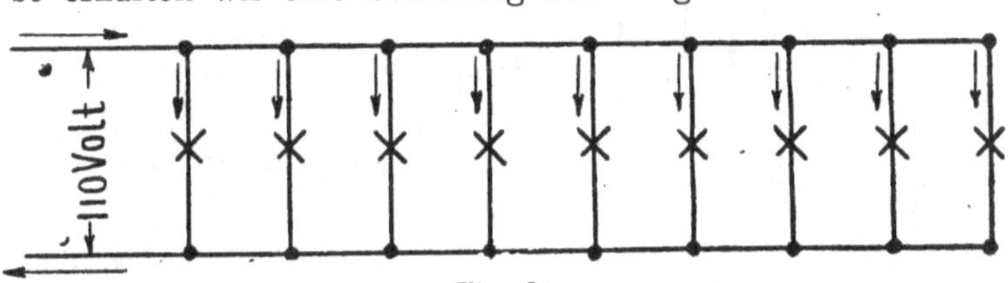

Fig. 31.

Die Spannung von 110 Volt ist für jede Lampe vorhanden. Jede Lampe erhält ihre eigene Stromstärke von z. B. 1 Amp., so daß wir 9 Amp. gebrauchen.

Werden die Motoren parallel geschaltet (Fig. 32), so erhält jeder Motor dieselbe Spannung, aber seine eigene

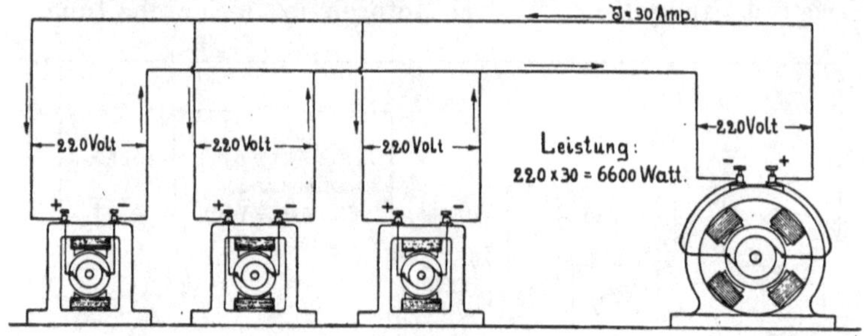

Fig. 32.

Stromstärke, z. B. je 10 Amp., so daß zusammen 3 • 10 = 30 Amp. gebraucht werden.

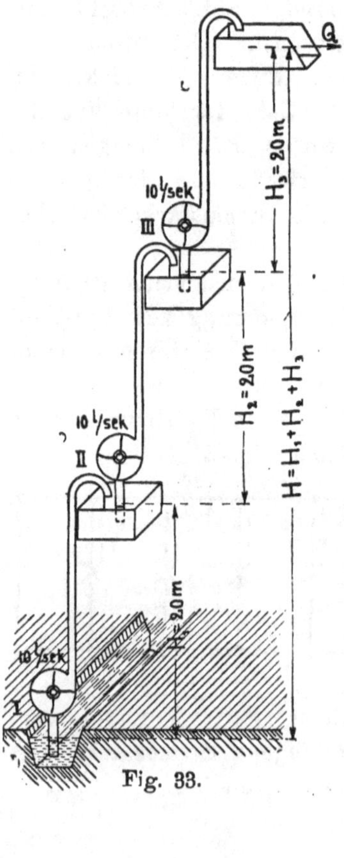

Fig. 33.

In Fig. 33 ist dargestellt, wie drei Zentrifugalpumpen in Reihe geschaltet sind.

Von Stufe zu Stufe wird das Wasser gehoben, jede Stufe habe z. B. eine Höhe von 20 m, so daß die Gesamthöhe 60 m beträgt. 10 l werden durch diese Anordnung auf 60 m gefördert. Die Strommenge ist dieselbe, ob eine oder alle Pumpen arbeiten, nur die Förderhöhe ändert sich, wenn Pumpen nicht eingeschaltet sind.

Fig. 34 zeigt dieselben Pumpen in Parallelschaltung. Jede Pumpe fördert unabhängig von der anderen 10 l auf 20 m Höhe.

In beiden Fällen werden 600 mkg/sec gefördert, einmal bei der Serienschaltung 10 • 60 = 600 mkg/sec, und bei der Parallelschaltung 30 • 20 = 600 mkg/sec.

In Stromerzeugungsanlagen ist es häufiger vorgekommen, daß die Spannung erhöht werden mußte, um das vorhandene Netz bei der dauernden Zunahme der Anschlüsse nicht verstärken zu müssen. Es wurden dann zwei Dynamos nach Fig. 35 hintereinander geschaltet. Die Netzspannung entspricht dann der Summe der Einzelspannungen der beiden Dynamos. Bei dieser Schaltung ist darauf zu achten, daß der Plus-(+)pol der einen Maschine mit dem Minus(−)pol der anderen Maschine verbunden wird. So erhalten wir dann in dem Netz eine Leitung mit +, eine mit −.

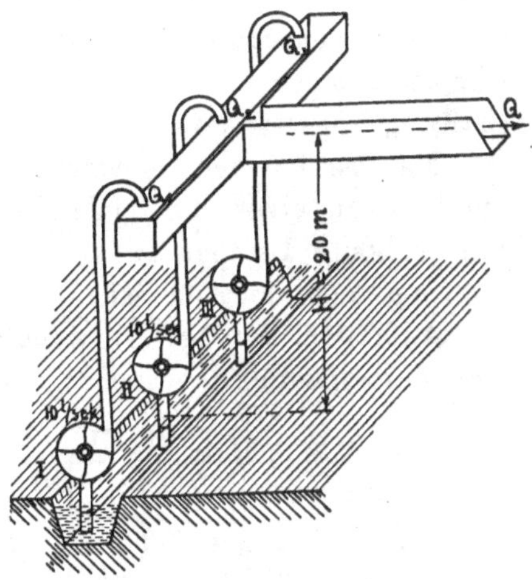

Fig. 34.

Soll die Leistung einer Zentrale vergrößert werden, ohne daß eine Spannungserhöhung in Frage kommt, so wird eine weitere Maschine aufgestellt, welche nach Fig. 36 parallel zum Netz liegt.

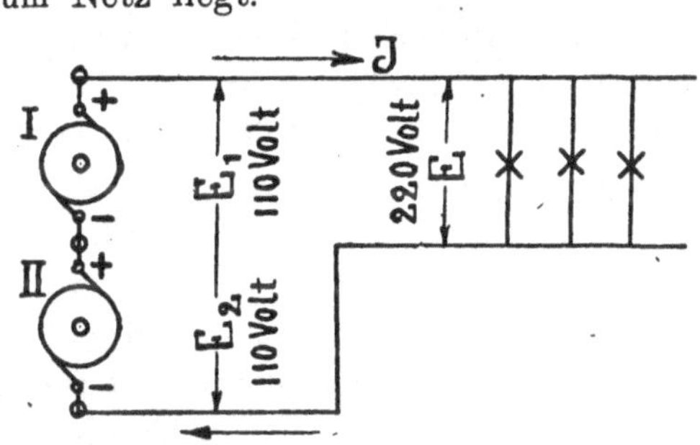

Fig. 35.

In diesem Falle addieren sich die Stromstärken der beiden Dynamos. Bei dieser Schaltung werden die +Pole miteinander und die −Pole miteinander verbunden.

Es ergeben sich hieraus folgende Gesetze:

Bei Serienschaltung ist die elektromotorische Gesamtkraft gleich der Summe aller elektromotorischen Einzelkräfte, bei Parallelschaltung ist die Gesamtstromstärke gleich der Summe der Einzelstromstärken.

Wegen der Störungen, welche die Serienschaltung beim Versagen eines Apparates in den anderen verursacht, hat sich die Serienschaltung nicht eingebürgert, es wird vielmehr bei Lampen und Motoren fast ausnahmslos die Parallelschaltung angewendet.

Man ist bei der Beleuchtung dann vollkommen unabhängig, kann eine oder viele Lampen ganz nach Belieben brennen, kann Lampen zu- und abschalten, was bei Serienschaltung nicht möglich ist.

Außerdem ist bei Verwendung von Gleichstrom die Höhe der Spannung begrenzt, so daß es unmöglich wäre,

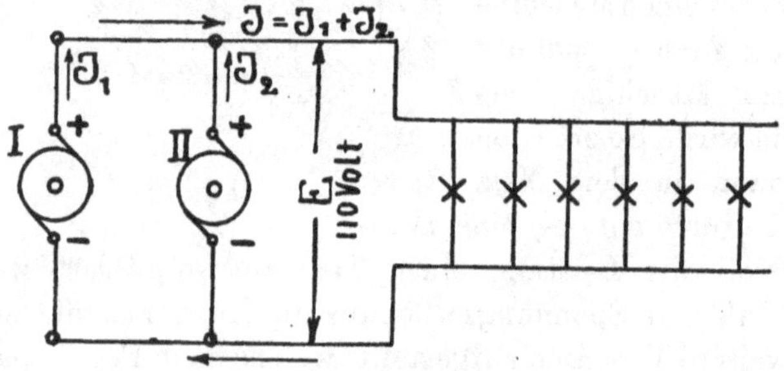

Fig. 36.

z. B. 100 Lampen bei 110 Volt in Serie zu brennen, was aber bei Parallelschaltung ohne weiteres möglich ist. Die Lebensgefahr würde bei Spannungen über 500 Volt eine derartige werden, daß eine Verwendung solcher Spannungen unmöglich ist. Auch würden die verschiedenen Wünsche und Bedürfnisse der Stromabnehmer so verschieden sein, daß eine Normalspannung überhaupt nicht zu finden wäre.

All diese Fragen fallen fort, wenn wir Parallelschaltung nehmen, bei der jeder Stromabnehmer unabhängig von den anderen Lampen nach Belieben, sowohl der Anzahl als der Stärke nach, brennen kann.

In jedem Leiter ist, wie wir gesehen haben, die elektromotorische Kraft gleich dem Produkt von Stromstärke mal Widerstand.

$$E = J \cdot W.$$

Ferner ist die Leistung

$$L = E \cdot J.$$

Nachstehend soll der Widerstand von Leitungen berechnet werden.

Bei Reihenschaltung ist der Gesamtwiderstand gleich der Summe der Einzelwiderstände.

In Fig. 37 ist z. B.

$$W = W_1 + W_2 + W_3 + W_4 + W_5$$
$$= 5 + 10 + 15 + 20 + 30 = 80 \text{ Ohm}.$$

E ist gleich 1600 Volt, die Stromstärke ist

$$J = \frac{1600}{80} = 20 \text{ Amp.}$$

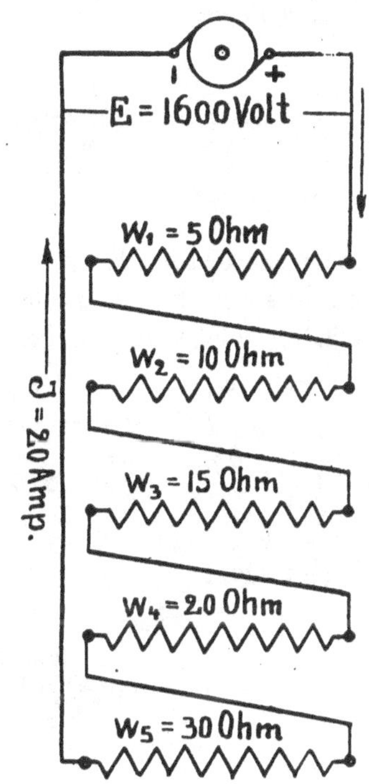

Fig. 37.

Wenn in einem Stromkreise mehrere elektromotorische Kräfte vorhanden sind, muß zuerst die elektromotorische Gesamtkraft berechnet werden.

In Fig. 38 sind fünf gleichgerichtete elektromotorische Kräfte vorhanden, hieraus errechnet sich

$$E = e_1 + e_2 + e_3 + e_4 + e_5$$

Der Gesamtwiderstand setzt sich zusammen aus den Widerständen W_1, W_2, W_3, W_4 und W_5 und dem Widerstand, welchen die Stromquellen besitzen. Diesen Widerstand der Stromquellen nennen wir den inneren, den der anderen Widerstände den äußeren Widerstand.

$$E = 6 + 4 + 2 + 5 + 3 = 20 \text{ Volt},$$
$$W = 1 + 3 + 5 + 4 + 2 + 0{,}4$$
$$+ 0{,}25 + 0{,}1 + 0{,}35 + 0{,}1 = 14{,}2 \text{ Ohm}.$$

Hieraus ergibt sich

$$J = 20 : 14{,}2 = 1{,}4 \text{ Amp.}$$

Haben wir einander entgegengeschaltete Stromquellen in einem Stromkreise, so daß z. B. e_1, e_2 und e_4 von links nach rechts, e_3 und e_5 entgegengesetzt wirken, so ist die

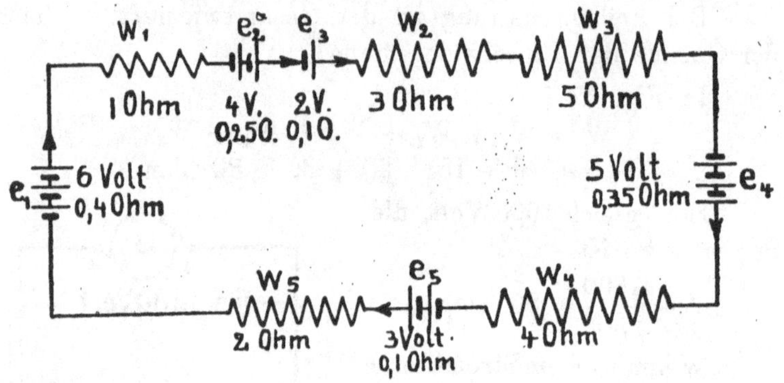

Fig. 38.

elektromotorische Kraft gleich der Summe der Kräfte, welche von links nach rechts fließen, verringert um die Summe der Kräfte, welche von rechts nach links fließen (Fig. 39).

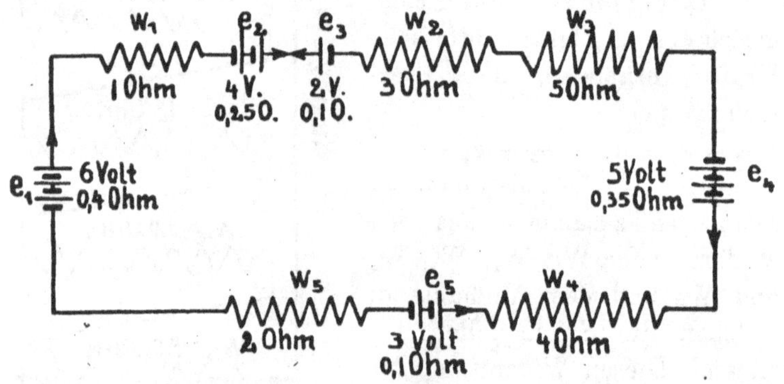

Fig. 39.

Es ist $E = (e_1 + e_2 + e_4) - (e_3 + e_5) = (6 + 4 + 5) - (2 + 3) = 15 - 5 = 10$ Volt.

Die Pfeile in den Fig. 38 und Fig. 39 geben die Stromrichtung an. In beiden Fällen ist der Gesamtwiderstand gleich groß, gleich 14,2 Ohm.

In dem letzten Falle ist die Stromstärke

$$J = 10 : 14{,}2 = 0{,}7 \text{ Amp.}$$

Eine Anwendung ist in Fig. 40 dargestellt. Eine Batterie von 60 Zellen soll durch eine Dynamo geladen werden, welche eine Spannung von 150 Volt hat. Jede Zelle hat eine Durchschnittsspannung von 2 Volt, der Spannungsunterschied zwischen dem + Pol und dem − Pol der Batterie ist $60 \cdot 2 = 120$ Volt.

Die elektromotorischen Kräfte E_1 und E_2 sind entgegengesetzt gerichtet. E_1 ist größer als E_2, die Gesamtelektromotorische Kraft ist

$$E = E_1 - E_2 = 150 - 120 = 30 \text{ Volt.}$$

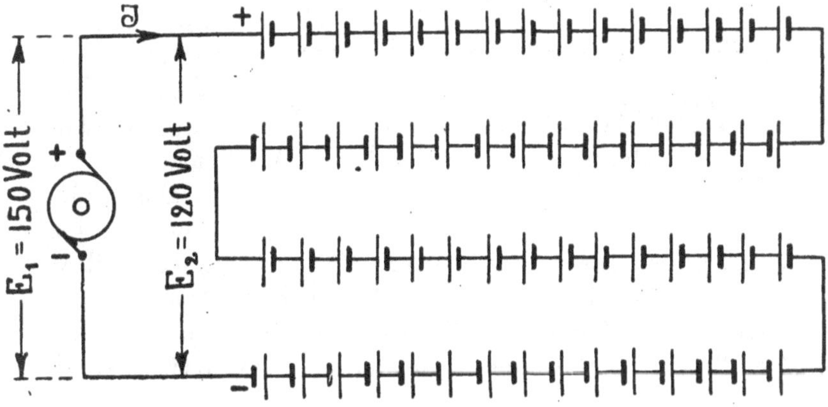

Fig. 40.

Es tritt demnach eine elektromotorische Kraft von 30 Volt auf. Die anderen 120 Volt der Dynamo werden durch die 120 Volt der Batterie aufgehoben.

Im vorliegenden Falle setzt sich der Gesamtwiderstand zusammen aus dem Widerstand der Dynamo w_1, dem Widerstand w_2 der Batterie und dem Widerstand w_3 der Leitung.

Es sei $w_1 = 0{,}24$ Ohm, $w_2 = 60 \cdot 0{,}006$ Ohm, $w_3 = 0{,}15$ Ohm.

Dann ist $W = w_1 + w_2 + w_3 = 0{,}24 + 0{,}36 + 0{,}15 = 0{,}75$ Ohm.

Die Ladestromstärke ergibt sich somit zu $30 : 0{,}75 = 40$ Amp., sie ist in jedem Punkte der Anlage von derselben Größe.

Aus diesen Betrachtungen leiten wir folgendes Gesetz ab: Die in einem Stromkreise bei Serienschaltung auftretende Stromstärke ist gleich der Summe der elektromotorischen Kräfte, dividiert durch die Summe der vorhandenen Widerstände.

$$\Sigma J = \frac{\Sigma E}{\Sigma W}.$$

Eine Anwendungsform zeigt Fig. 41. Vor ein Voltmeter, welches den Widerstand w_1 besitzt, ist ein Vorschaltwiderstand w_2 geschaltet. Die Stellung des Zeigers ist abhängig von dem durchfließenden Strome, so daß der Ausschlag durch Veränderung des Widerstandes des w_2 sehr beeinflußt werden kann.

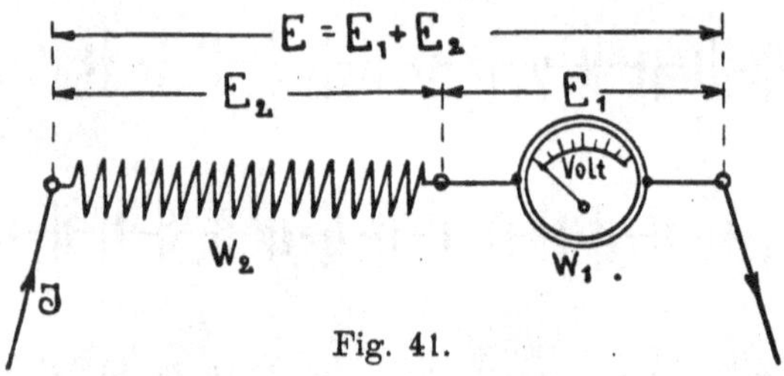

Fig. 41.

Das Voltmeter sei für eine Spannung von maximal 120 Volt gebaut, wobei diese Höchststellung bei einer Stromstärke von 0,1 Amp. erreicht werde. Das Voltmeter soll jetzt für eine Spannung von 720 Volt benutzt werden. Es soll der Vorschaltwiderstand berechnet werden.

Der durchgehende Strom darf die Größe von 0,1 Amp. nicht überschreiten, da das Voltmeter keinen größeren Strom ohne Gefahr aufnehmen kann.

$$w_1 = \frac{E}{J} = \frac{120}{0,1} = 1200 \text{ Ohm}.$$

$$W = 6 \cdot 1200 = 7200 \text{ Ohm}.$$

$$w_2 = 7200 - 1200 = 6000 \text{ Ohm}.$$

Der Vorschaltwiderstand muß demnach 6000 Ohm betragen.

Wird in einer Anlage, welche in Parallelschaltung arbeitet, ein Verbrauchsapparat zugeschaltet, so wird der Gesamtwiderstand verringert.

Der Strom fließt (Fig. 42) durch die beiden Leitungen ACB und ADB leichter, als wenn er nur durch eine der beiden Leitungen fließen muß. Ein Vergleich mit dem Fließen des Wassers macht dies ohne weiteres klar.

Die Leitung ADB ist ACB parallel geschaltet, oder liegt im Nebenschluß zu ACB.

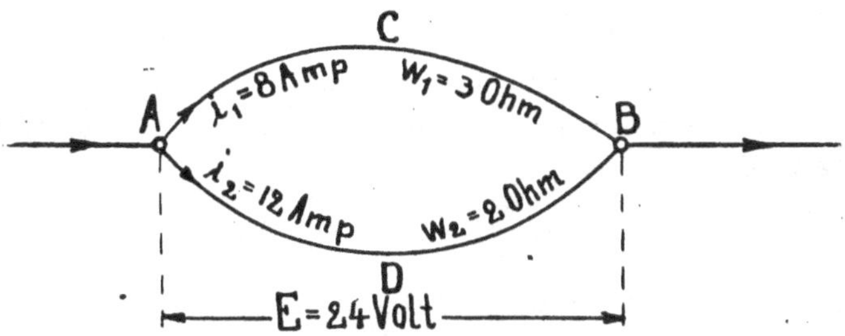

Fig. 42.

Es sei

W der Gesamtwiderstand,
w_1 der Widerstand von ACB,
w_2 der Widerstand von ADB,
$\frac{1}{W}$ die Gesamtleitfähigkeit C,
$\frac{1}{w_1}$ die Leitfähigkeit c_1 von ACB,
$\frac{1}{w_2}$ die Leitfähigkeit c_2 von ADB,
J die Gesamtstromstärke,
i_1 die Stromstärke in ACB,
i_2 die Stromstärke in ADB,
E die elektromotorische Kraft zwischen A und B,

dann ist $C = c_1 + c_2$.

$$\frac{1}{W} = \frac{1}{w_1} + \frac{1}{w_2} = \frac{1}{3} + \frac{1}{2} = \frac{5}{6}.$$

Der reziproke Wert ist $\frac{6}{5}$. Der Gesamtwiderstand zwischen A und B ist demnach $6:5 = 1{,}2$ Ohm.

Die Gesamtstromstärke berechnet sich zu $24:1{,}2 = 20$ Amp. Dieser Strom von 20 Amp. fließt bei A zu und bei B ab.

Die Stromstärke in den beiden Zweigen ist demnach ebenso groß wie die Gesamtstromstärke. Der eine Leitung durchfließende Strom ist abhängig von dem Widerstande der Leitung, und zwar im umgekehrten Verhältnis.

Je geringer der Widerstand einer Leitung ist, um so größer ist der dieselbe durchfließende Strom.

Es ergibt sich hieraus folgendes Gesetz:

Die Stromstärken in parallel geschalteten Leitungen verhalten sich umgekehrt wie die Widerstände.

$$\frac{i_1}{i_2} = \frac{w_2}{w_1} = 2:3 = 1:1{,}5$$

d. i. durch die Leitung ADB fließt ein Strom, der das Anderthalbfache des Stromes in ACB beträgt.

Hieraus ergibt sich folgende Aufstellung:

i_1 in ACB = 1 Amp., i_2 in ADB = 1,5 Amp.,
i_1 „ „ = 2 „ i_2 „ „ = 3 „
i_1 „ „ = 3 „ i_2 „ „ = 4,5 „
i_1 „ „ = 5 „ i_2 „ „ = 7,5 „ usw.

In Fig. 42 fließt durch ACB ein Strom von 8 Amp., durch ADB ein solcher von 12 Amp.

Nach dem Ohmschen Gesetz ergibt sich

$$i_1 = \frac{E}{w_1} = 24:3 = 8 \text{ Amp.}$$

$$i_1 = \frac{E}{w_2} = 24:2 = 12 \text{ Amp.}$$

Aus der Formel $\frac{1}{W} = \frac{1}{w_1} + \frac{1}{w_2}$ erhält man durch Umformen $\frac{1}{W} = \frac{w_2 + w_1}{w_1 w_2}$, woraus sich $W = \frac{w_1 w_2}{w_1 + w_2}$ und

$$w_1 w_2 = W w_1 + W w_2$$

ergeben.

Durch weitere Umformungen erhält man noch

$$w_1 = \frac{W w_2}{w_2 - W} \text{ und } w_2 = \frac{W w_1}{w_1 - W}.$$

Mit Hilfe dieser Formeln kann man die Widerstände berechnen. Es ist $\frac{i_1}{i_2} = \frac{w_2}{w_1}$, woraus sich ergibt, daß

$$\frac{i_1 + i_2}{i_1} = \frac{w_1 + w_2}{w_2} \text{ und } \frac{i_1 + i_2}{i_2} = \frac{w_1 + w_2}{w_1}$$

$$J = i_1 + i_2, \text{ mithin } i_1 = \frac{J\,w_2}{w_1 + w_2},\; i_2 = \frac{J\,w_1}{w_1 + w_2}.$$

Kennt man die Widerstände der Leitungen und die Gesamtstromstärke, so kann man mit Hilfe dieser Gleichungen die Stromstärken der Zweigleitungen berechnen.

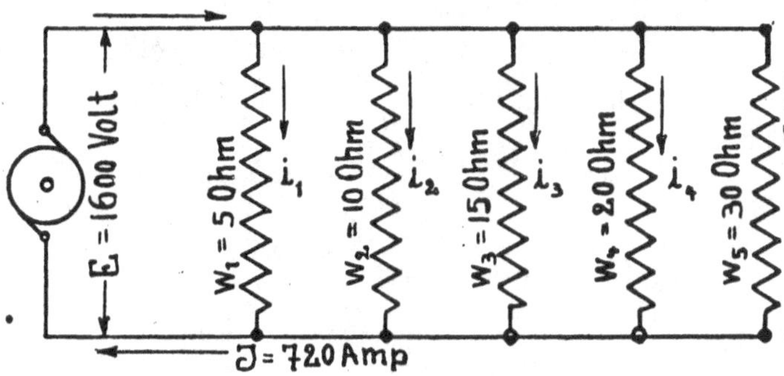

Fig. 43.

In Fig. 43 ist eine Stromverzweigung mit 5 Leitungen dargestellt. Wir erhalten

$$\frac{1}{W} = \frac{1}{w_1} + \frac{1}{w_2} + \frac{1}{w_3} + \frac{1}{w_4} + \frac{1}{w_5} = \frac{1}{5} + \frac{1}{10} + \frac{1}{15} + \frac{1}{20} + \frac{1}{30}$$

$$= \frac{12}{60} + \frac{6}{60} + \frac{4}{60} + \frac{3}{60} + \frac{2}{60} = \frac{27}{60} = \frac{9}{20}.$$

Der Gesamtwiderstand ist demnach 20 : 9 = 2,22 Ohm, die Gesamtstromstärke J = 1600 : 2,22 = 720 Amp.

Vergleichen wir diese Stromstärke mit der vorhin bei der Serienschaltung errechneten, so sehen wir, daß sie jetzt 36mal so groß ist wie bei der Serienschaltung.

Dieser Gesamtmaschinenstrom verteilt sich nun auf das ganze Netz, durchfließt, den Widerständen der Einzelzweige entsprechend, die Teilleitung und fließt auf der gemeinsamen Rückleitung zur Maschine zurück.

Die Summe der zufließenden Ströme ist an jedem Punkte gleich der Summe der abfließenden.

Es sei J = 720 Amp. die Gesamtstromstärke, in den Apparaten seien die Teilstromstärken i_1, i_2, i_3, i_4 und i_5. Die Verbrauchsapparate haben die Widerstände w_1, w_2, w_3, w_4 und w_5.

$$W = w_1 + w_2 + w_3 + w_4 + w_5. = 5 + 10 + 15 + 20 + 30 = 80.$$

$$i_1 : i_2 : i_3 : i_4 : i_5 = w_5 : w_4 : w_3 : w_2 : w_1.$$

$$\frac{i_1 + i_2 + i_3 + i_4 + i_5}{i_1} = \frac{w_5 + w_4 + w_3 + w_2 + w_1}{w_5},$$

$$\frac{J}{i_1} = \frac{W}{w_5}, \quad \frac{J}{i_2} = \frac{W}{w_4}, \quad \frac{J}{i_3} = \frac{W}{w_3}, \quad \frac{J}{i_4} = \frac{W}{w_2}, \quad \frac{J}{i_5} = \frac{W}{w_1}.$$

$$i_1 = \frac{J\,w_5}{W} = \frac{720 \cdot 30}{80} = 270 \text{ Amp.}$$

$$i_2 = \frac{J\,w_4}{W} = \frac{720 \cdot 20}{80} = 180 \text{ Amp.}$$

$$i_3 = \frac{J\,w_3}{W} = \frac{720 \cdot 15}{80} = 135 \text{ Amp.}$$

$$i_4 = \frac{J\,w_2}{W} = \frac{720 \cdot 10}{80} = 90 \text{ Amp.}$$

$$i_5 = \frac{J\,w_1}{W} = \frac{720 \cdot 5}{80} = 45 \text{ Amp.}$$

$$J = i_1 + i_2 + i_3 + i_4 + i_5 = 720 \text{ Amp.}$$

Mit Hilfe dieser Formeln lassen sich die verschiedensten Aufgaben lösen. So soll z. B. in Fig. 44 ein Widerstand von 2,16 Ohm so umgeändert werden, daß sein Widerstand nur noch 2 Ohm beträgt.

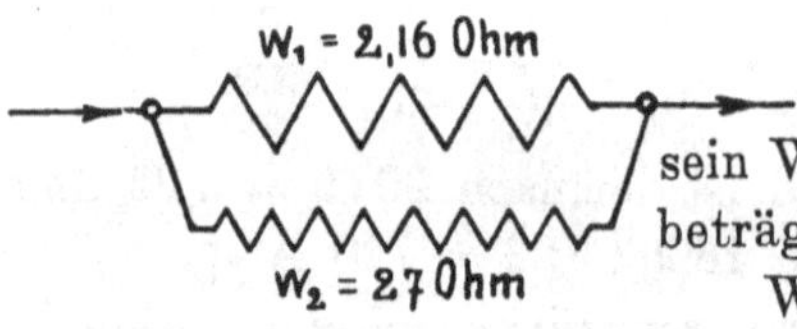

Fig. 44.

Wir schalten zu dem Widerstande w_1 einen Widerstand w_2 parallel, der Gesamtwiderstand ist dann

$$W = \frac{w_1 \cdot w_2}{w_1 + w_2}.$$

$$w_2 = \frac{w_1 \cdot W}{w_1 - W} = \frac{2{,}16 \cdot 2}{2{,}16 - 2} = \frac{4{,}32}{0{,}16} = 27 \text{ Ohm.}$$

Der neue Widerstand muß demnach 27 Ohm erhalten, welcher zu dem ersten parallel geschaltet werden muß.

Dann erhalten wir:

$$W = \frac{2,16 \cdot 27}{2,16 + 27} = \frac{58,32}{29,16} = 2 \text{ Ohm}.$$

Um bei Messungen mit möglichst wenig Meßapparaten auszukommen, werden meist Amperemeter benutzt, welche an einen Shunt (Nebenschlußwiderstand) nach Fig. 45 gelegt werden. Das Amperemeter sei für einen Meßbereich von 2 Amp. eingerichtet. Mit Hilfe von Shunts ist es möglich, das Amperemeter für jede beliebige Stromstärke zu benutzen. Wird der Widerstand w_2 z. B. so bemessen, daß durch ihn ein Strom von 8 Amp. geht, so geht durch die beiden Widerstände zusammen ein Strom von 2 + 8 Amp. = 10 Amp.

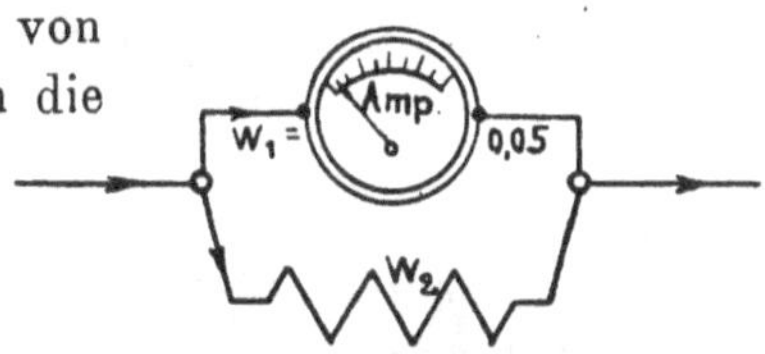

Fig. 45.

So soll z. B. ein Strom von 100 Amp. gemessen werden können. Durch das Amperemeter gehen 2 Amp., durch den Shunt müssen 98 Amp. fließen.

Es muß dann $W = \frac{2 \cdot 0,05}{98} = \frac{1}{980}$ Ohm sein.

Der von dem Instrument angezeigte Wert ist dann mit 50 zu multiplizieren.

Aus vorstehenden Betrachtungen ergeben sich die Kirchhoffschen Regeln:

1. Bei einer Stromverzweigung ist die Summe der Stromstärken in den einzelnen Zweigen ebenso groß wie die Stromstärke vor und hinter der Verzweigung.

2. Der Gesamtleitwert der Verzweigung ist so groß, wie die Summe der Leitwerte der einzelnen Zweige.

3. Die Stromstärken in den einzelnen Zweigen verhalten sich umgekehrt wie die Widerstände der einzelnen Zweige.

In der Elektrotechnik spielt der Widerstand der Apparate, Motoren usw. eine große Rolle. Es sind daher die verschiedensten Apparate konstruiert, um genaue Widerstandsmessungen ausführen zu können.

Auf den Kirchhoffschen Regeln beruht die Konstruktion der Wheatstoneschen Brücke.

In Fig. 46 fließt der Strom J nach dem Punkte A. Hier verteilt der Strom sich in die Teilströme J_1 und J_2, wobei J_1 durch die Leitung ACE und J_2 durch die Leitung ADE fließen. In E vereinigen sich die beiden Ströme wieder. Zwischen den Punkten A und E herrscht eine bestimmte Spannung, es muß daher auf den Leitungen ACE und ADE stets Punkte geben, welche gleiche Spannung haben. Es muß dann zwischen A und C und A und D

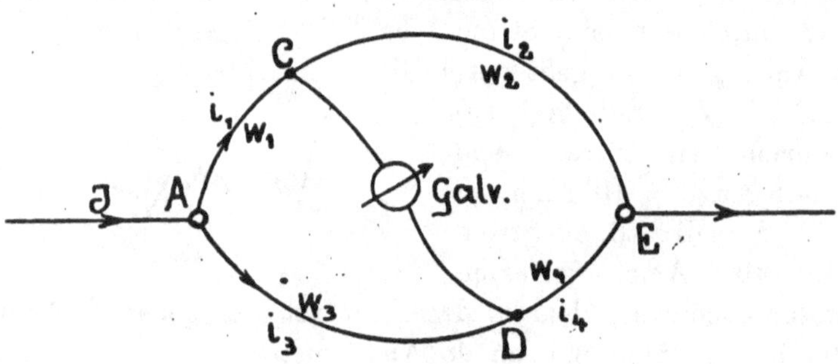

Fig. 46.

dieselbe Spannung bestehen. Ferner muß dieselbe Spannung zwischen den Punkten C und E und D und E herrschen.

Wenn man die beiden Punkte C und D durch einen Draht verbindet, und in diese Verbindung ein Galvanoskop einschaltet, so wird das Galvanoskop keinen Ausschlag zeigen, da an den Punkten C und D dieselbe Spannung besteht. Ein Fließen des Stromes ist daher in dem Verbindungsdraht nicht möglich.

In dem Augenblick, in dem zwischen C und D kein Spannungsgefäll besteht, haben wir ein bestimmtes Widerstandsverhältnis in den Teilleitungen.

Es ist

$$i_1\ w_1 = i_3\ w_3,$$
$$i_2\ w_2 = i_4\ w_4.$$

Da $i_1 = i_2$ ist und $i_3 = i_4$, so ist

$$i_1 w_1 = i_3 w_3,$$
$$i_1 w_2 = i_3 w_4,$$

daraus ergibt sich
$$\frac{w_1}{w_2} = \frac{w_3}{w_4}.$$

Wenn bei der Messung das Galvanometer einen Ausschlag anzeigt, ist der Strom nicht gleich Null. Es muß der Meßdraht dann so lange verschoben werden, bis die Punkte C und D gefunden sind.

In diesem Augenblick stehen die Widerstände der Leitungen in dem angegebenen Verhältnis.

Kennt man von den Widerständen drei, so kann man den vierten berechnen. Es ist

$$w_1 = w_2 \frac{w_3}{w_4}, \quad w_2 = w_1 \frac{w_4}{w_3}$$

$$w_3 = w_4 \frac{w_1}{w_2}, \quad w_4 = w_3 \frac{w_2}{w_1}.$$

Fig. 47 zeigt die Schaltung der Wheatstoneschen Brücke. Eine Batterie von drei Elementen liefert den Strom, welcher über A in den Meßapparat eintritt und sich hier in die Drähte AE und ACE verteilt, der Meßdraht AE liegt auf einer Skala, welche in 100 Teile geteilt ist. Der Widerstand w_3 ist der gesuchte Widerstand, w_4 der Vergleichswiderstand.

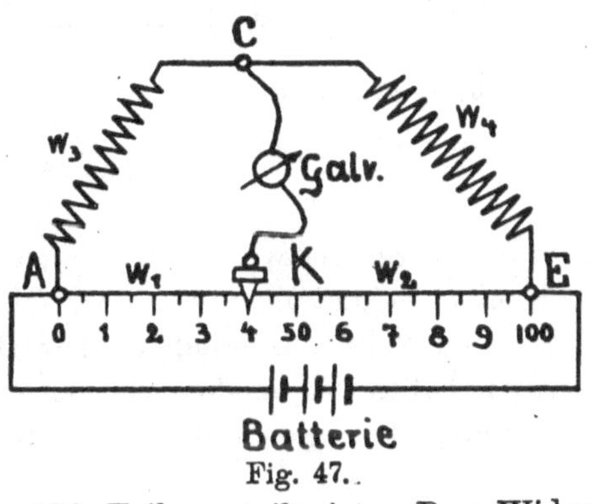

Fig. 47.

Auf dem Meßdraht AE befindet sich ein verstellbarer Gleitkontakt K, welcher so lange verschoben wird, bis das Galvanometer keinen Ausschlag mehr zeigt.

Jetzt ist $\frac{w_1}{w_2} = \frac{w_3}{w_4}$ und $w_3 = \frac{w_1}{w_2} w_4$.

Der Vergleichswiderstand w_4 sei 10 Ohm, w_1 ist in Fig. 47 = 40, w_2 = 60,

$$w_3 \text{ ist dann } \frac{10 \cdot 40}{60} = 400 : 60 = 6{,}66 \text{ Ohm}.$$

Diese Brücken werden in den verschiedensten Ausführungen hergestellt, wobei die Vergleichswiderstände meist die Größen 1, 10, 100 und 1000 Ohm haben. Stöpsel dienen dazu, den betreffenden Widerstand einzuschalten. Fig. 48 zeigt die verschiedenen Schaltungen; in a ist die Schaltung

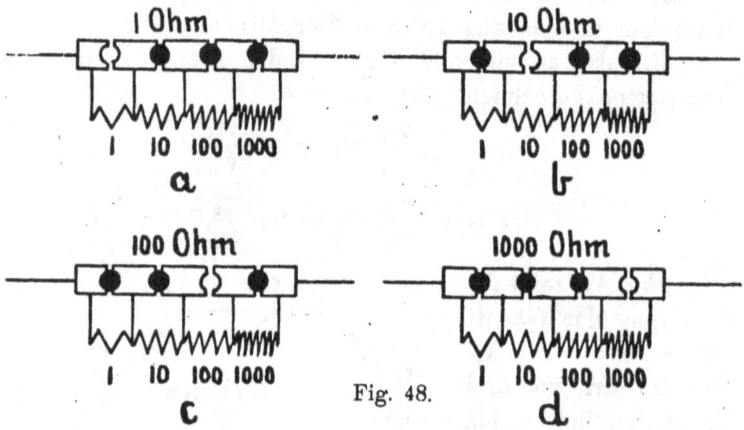

Fig. 48.

mit dem Vergleichswiderstand von 1 Ohm, in b mit 10 Ohm, in c mit 100 und in d mit 1000 Ohm dargestellt.

Eine weitere Möglichkeit zur Bestimmung von Widerständen haben wir in dem Ohmschen Gesetz, nach welchem der Widerstand gleich der Spannung, dividiert durch den Strom, ist.

Die Messung wird derart ausgeführt, daß der durch den Apparat gehende Strom gemessen wird. Ebenso wird der Spannungsunterschied zwischen dem Ein- und Austrittspunkt gemessen. Dividiert man dann den Betrag des Spannungsunterschiedes durch den des Stromes, so erhält man den Widerstand.

Es sei der Widerstand einer Glühlampe zu bestimmen. Die Lampe wird (Fig. 49) an eine Leitung angeschlossen, wobei parallel zu der Lampe ein Voltmeter geschaltet wird. Der die Lampe durchfließende Strom wird durch ein Amperemeter gemessen. Das Voltmeter zeige eine Spannung von 110 Volt, das Amperemeter einen Strom von 0,5 Amp., der zu berechnende Widerstand ist dann W = E : J = 110 : 0,5 = 220 Ohm, d. i. die Lampe hat einen Widerstand von 220 Ohm.

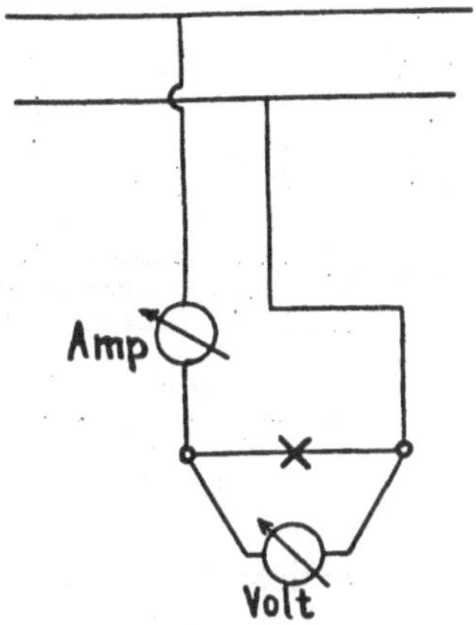

Fig. 49.

Fig. 50 zeigt die Messung eines Widerstandsdrahtes W. Der Strom, welcher von einer dreizelligen Batterie entnommen wird, wird durch ein Amperemeter gemessen, die Spannung, welche in dem Widerstand besteht, wird durch ein Voltmeter gemessen, welches parallel zu dem Widerstand geschaltet ist. Das Voltmeter zeige eine Spannung von 6 Volt, das Amperemeter einen Strom von 1,5 Amp. dann ist der Widerstand W = 6 : 1,5 = 4 Ohm.

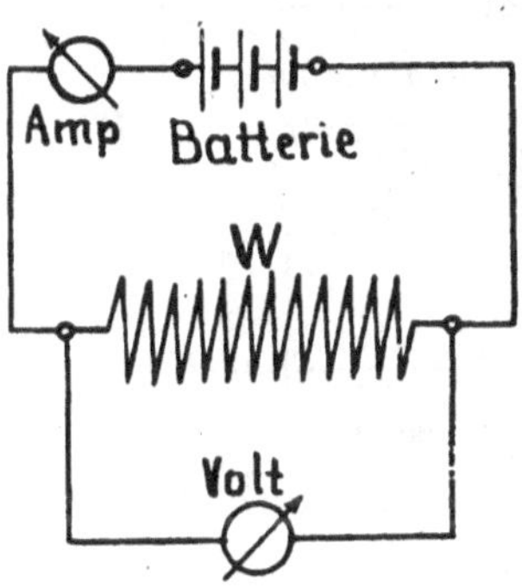

Fig. 50.

Mit dieser Meßmethode kann man auch den Widerstand von Wicklungen von Motoren bestimmen. Die Schaltung hierzu ist in Fig. 51 dargestellt.

Wenn die Widerstände aus Flüssigkeiten bestehen, ist es nicht möglich, die Messung mit einem Galvanoskop auszuführen, da die Flüssigkeiten bei Benutzung von Gleichstrom zersetzt werden. Es muß zu diesen Messungen Wechselstrom benutzt werden, welcher die Flüssigkeit nicht zersetzt. Da Wechselstrom keinen Ausschlag an einem Galvanoskop hervorrufen kann, muß an dessen Stelle ein Telephon benutzt werden.

Die Flüssigkeit wird in kleine Gefäße getan, in denen Platinbleche stehen, an welche die Drähte angeschlossen werden.

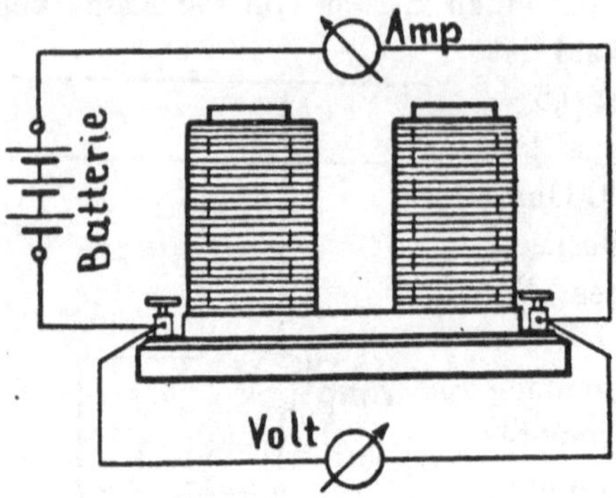

Fig. 51.

Solange in dem Brückendraht Strom fließt, hört man in dem Telephon ein stärkeres oder schwächeres Summen.

Sobald das Geräusch verschwindet oder auf ein Minimum herabgeht, ist der Strom in dem Brückendraht gleich Null.

Die Schaltung einer derartigen Meßbrücke zeigt Fig. 52. Der einigen Elementen entnommene Strom wird mittels

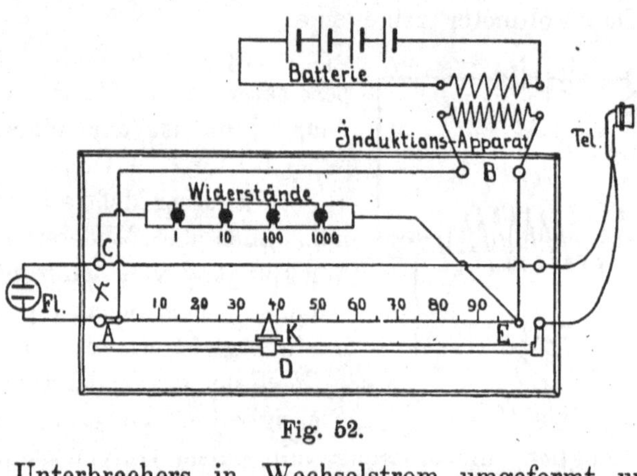

Fig. 52.

eines Unterbrechers in Wechselstrom umgeformt und in einen Induktionsapparat geleitet. Die Flüssigkeit Fl wird zwischen A und C geschaltet, der Gleitkontakt K wird auf dem Meßdraht AE verschoben, bis der Ton im Telephon verschwindet oder ganz gering wird.

Magnetismus.

Der in der Natur vorkommende Magneteisenstein hat die Fähigkeit, feine Eisenteilchen anzuziehen. Legen wir ein Stückchen Magneteisenstein auf ein auf dem Wasser schwimmendes Plättchen, so stellt es sich so ein, daß eine bestimmte Stelle des Steines immer nach Norden zeigt.

Wir verstehen unter Magnetismus die Fähigkeit eines Körpers, Eisenteile anzuziehen und unterscheiden in natürliche und künstliche Magnete.

Der Gebrauch der Magnetnadel ist wahrscheinlich schon sehr alt, die Chinesen haben bereits lange vor Christi Geburt kleine magnetische Wagen gehabt, welche ihnen den Weg durch die Wüsten zeigten.

Der Form nach unterscheiden wir die Magnete in Stab- und Hufeisenmagnete. Künstliche Magnete werden entweder durch Streichen von weichem Eisen mit einem Magneten oder durch Umhüllung von Eisenstäben mit Drahtspulen hergestellt, durch welche dann elektrischer Strom gesandt wird.

Wir unterscheiden an jedem Magneten zwischen einem Nord- und einem Südpol, wobei wir bemerken, daß der Nordpol eines Magneten den Südpol eines anderen anzieht, den Nordpol aber abstößt. Hieraus ergibt sich das Gesetz, daß sich gleichnamige Pole abstoßen, ungleichnamige anziehen.

Weiches Eisen läßt sich leichter magnetisieren als Stahl, es verliert aber die magnetischen Eigenschaften auch sehr schnell wieder. Stahl dagegen nimmt den Magnetismus schwerer auf, behält ihn dann aber.

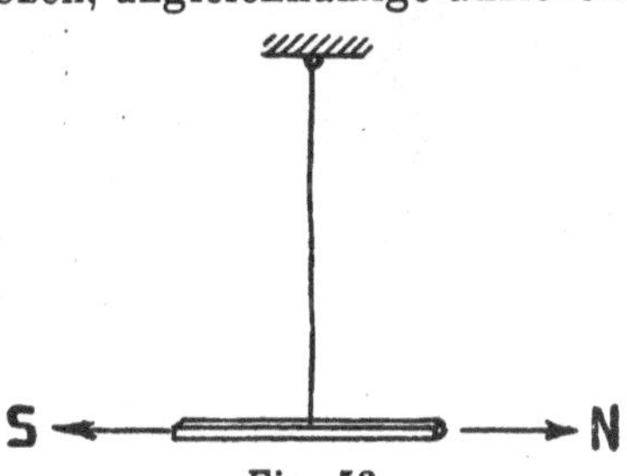

Fig. 53.

Der Magnetismus ist an den Polen — den Enden — am stärksten, in der Mitte ist er sehr schwach.

Hängt man eine magnetisierte Nadel frei an einem Faden auf, so stellt sich die Nadel stets in eine bestimmte

Richtung ein, und zwar in die Richtung Nord—Süd (Fig. 53). Diese Einstellung rührt daher, daß die Erde selber ein großer Magnet ist, dessen Südpol in der Nähe des geographischen Nordpol liegt.

Die Richtung einer Magnetnadel weicht an den verschiedenen Stellen der Erde um einen bestimmten Winkel

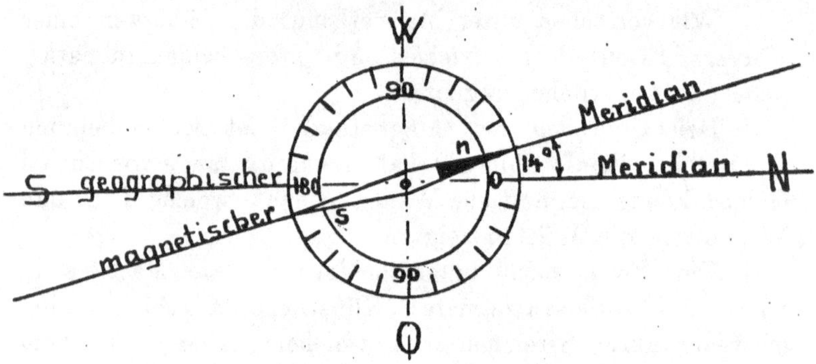

Fig. 54.

der Nord—Südrichtung ab, man nennt diese Abweichung die magnetische Deklination. Fig. 54 zeigt diese Abweichung von dem geographischen Meridian, wie er ungefähr für Deutschland besteht. Hängt man eine Magnetnadel in der in Fig. 55 dargestellten Weise auf, so zeigt die Nadel nicht horizontal, sondern nach unten, und zwar ist dieser Winkel gegen die Horizontale an den verschiedenen Stellen der Erde verschieden. Am Äquator ist der Inklinationswinkel fast Null, in der nördlichen Halbkugel ist der Nordpol abwärts, in der südlichen aufwärts gerichtet (Fig. 56).

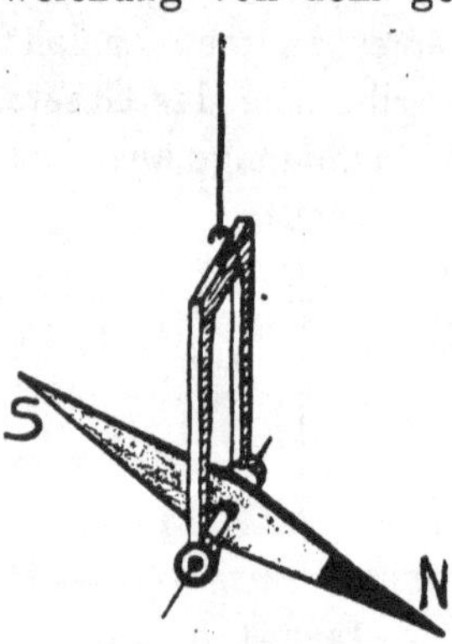

Fig. 55.

Der Magnetismus wird durch zwischen den Magneten und das Eisen gelegte nichtmagnetische Körper nicht aufgehoben. Auch in Flüssigkeiten wirkt der Magnetismus weiter.

Wenn man feststellen will, welchen Magnetismus ein Stab an einem Ende hat, so hält man ihm den Nordpol eines Magneten entgegen (Fig. 57). Wird die Magnetnadel abgelenkt, so haben wir einen Nordpol, wird sie angezogen, so haben wir an dem Stabende einen Südpol.

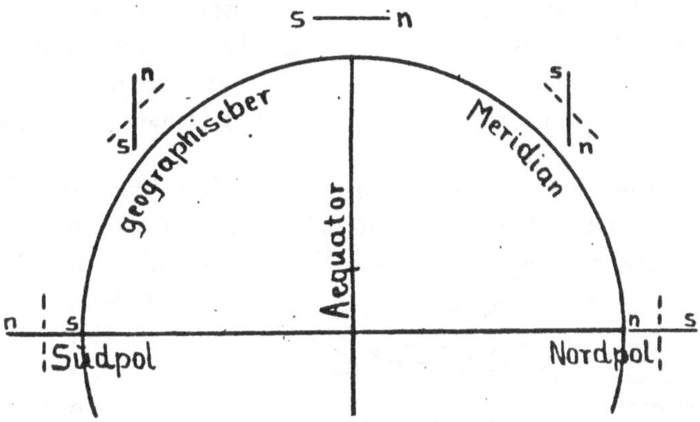

Fig. 56.

Wenn beide Enden des Stabes den Nordpol anziehen, so ist dies ein Beweis dafür, daß das Eisen unmagnetisch ist.

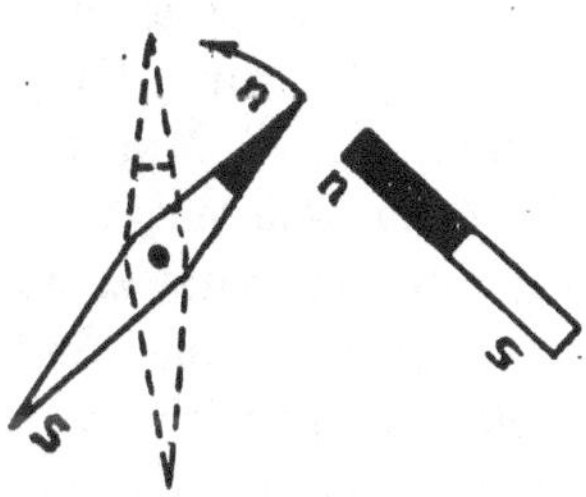

Fig. 57.

Ein unmagnetisches Stück Eisen wird bei Näherung an einen Magneten magnetisch. Es ist in der Lage, weiche, kleine Eisenteilchen anzuziehen (Fig. 58). Die Polarität, welche auftritt, ist aus der Abbildung zu ersehen. Das dem Pole zugewandte Ende des Stabes hat stets ungleichnamigen, das andere Ende gleichnamigen Magnetismus. Diese Eigenschaft nennt man magnetische Influenz.

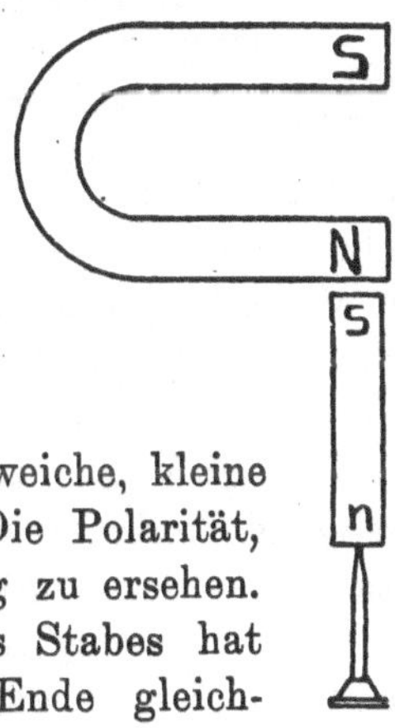

Fig. 58.

Eine Schwächung des Magneten tritt nicht ein.

Der Erdmagnetismus ist Schwankungen unterworfen, welche teils periodisch, teils plötzlich auftreten. Die stärksten Störungen werden durch das Nordlicht hervorgerufen, durch welches die Magnetnadeln in merkwürdige Schwankungen versetzt werden. Auffallend ist, daß der Nordpol beim Auftreten von Nordlicht nach Westen abgelenkt wird. Nach angestellten Beobachtungen fallen die Nordlichtstrahlen mit der Richtung zusammen, welche eine frei aufgehängte, an ihre Stelle tretende Magnetnadel einnehmen würde.

Nach der von W. Weber aufgestellten Drehungstheorie sind die magnetischen Flüssigkeiten in den einzelnen Teilchen der Körper, welche man Moleküle nennt, in bestimmte Richtungen getrennt. Solange der Körper unmagnetisch ist, liegen die kleinen Magnete regellos durcheinander (Fig. 59a), so daß sich die Wirkungen aufheben. Nähert man jetzt dem einen Ende einen Nordpol (Fig. 59b), so entsteht eine Gruppierung der Moleküle derart, daß die Südpole sich sämtlich nach dem entgegengehaltenen Nordpol einstellen, so daß der Körper jetzt selber zu einem Magneten wird. Hält man dem Körper einen Südpol entgegen, so stellen sich die Moleküle nach Fig. 59c ein, wodurch das dem Südpol benachbarte Ende ein Nordpol wird. Der Magnetismus nimmt nach der Mitte zu ab, wird an einer Stelle gleich Null und wächst dann allmählich in der Stärke des entgegengesetzten Magnetismus an.

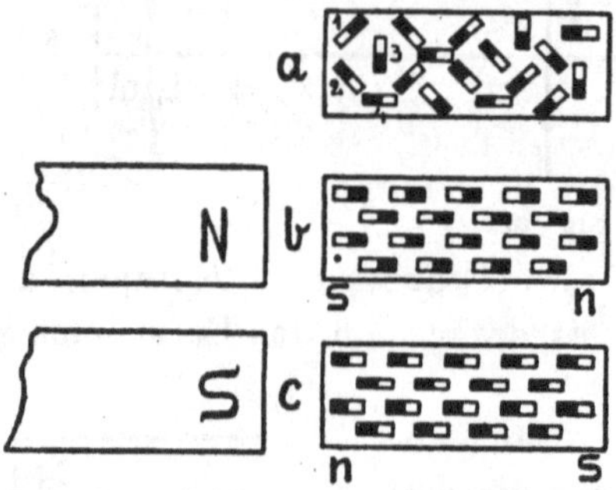

Fig 59.

Der Vorgang ist so zu erklären, daß sich die Moleküle um ihre Achse drehen, so daß alle mit einem nordmagnetischen Fluidum versehenen Enden sich nach der einen, die mit einem südmagnetischen Fluidum versehenen Enden nach der anderen Richtung einstellen.

Je nach dem Material behält ein Körper einen gewissen Magnetismus zurück Stahl behält mehr Magnetismus als weiches Eisen. Man nennt diese Kraft, welche der Wiedervereinigung der getrennten Fluiden entgegenwirkt, Koerzitivkraft. Durch feine Messungen läßt sich nachweisen, daß ein Eisenstab beim Magnetisieren sich in der Richtung der Magnetisierung verlängert. Ferner ist festgestellt, daß jeder Körper nur eine bestimmte Stärke der Magnetisierung erhalten kann, man sagt, der Körper hat eine Sättigungsgrenze.

Aus einem Magneten kann man den Magnetismus entfernen, wenn man denselben bis zur Rotglut erhitzt. Er ist dann nach dem Erkalten unmagnetisch und muß wieder magnetisiert werden, wenn er magnetisch sein soll.

Da sich weiches Eisen nur schwer magnetisieren läßt und seinen Magnetismus schlecht behält, nimmt man zur Herstellung von künstlichen Magneten Stahl, am besten Wolframstahl oder Molybdänstahl.

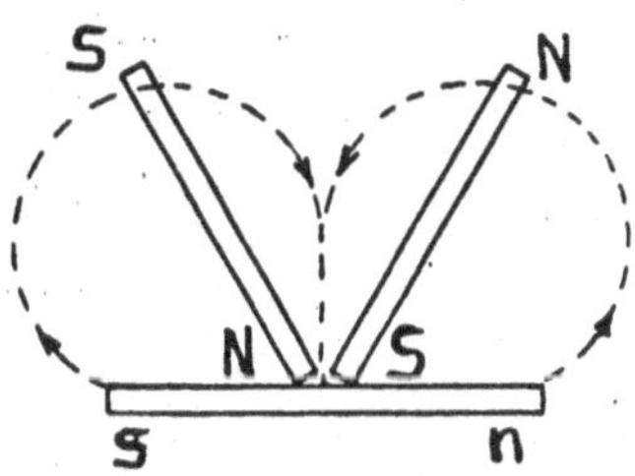

Fig. 60.

Die Magnetisierung erfolgt, indem man (Fig. 60) mit dem einen Pol den Stahl von der Mitte aus mit dem Nordpol streicht, bis man an das Ende gelangt. Dort setzt man den Magneten ab, führt in einem Bogen zur Mitte zurück und wiederholt das Streichen so lange, bis man ihn ungefähr dreißigmal gestrichen hat. Dann streicht man in derselben Weise das andere Ende des Stahles mit dem anderen Pole. Hierauf dreht man den Stahl um und wiederholt entsprechend das Streichen auf der Rückseite. Will man mit einem Hufeisenmagneten einen Stahl magnetisieren, so setzt man ihn mit beiden Polen auf den Stahl in der Mitte auf, führt ihn, ohne ihn abzunehmen, längere Zeit von dem einen Ende bis zum anderen (Fig. 61), und kehrt

Fig. 61.

dann den Stahl um, um ihn auf der Rückseite ebenso zu behandeln.

Soll ein hufeisenförmig gebogener Stahl (Fig. 62) magnetisiert werden, so verfährt man derart, daß man vor die Enden desselben einen aus weichem Eisen bestehenden Anker legt. Auf die Enden wird ein passender Hufeisenmagnet gesetzt, welcher dann auf dem zu magnetisierenden Stahl in der gezeichneten Weise langsam gezogen wird. Nach ungefähr 50 Streichungen dreht man den Stahl um, um das Streichen auf der Rückseite zu wiederholen.

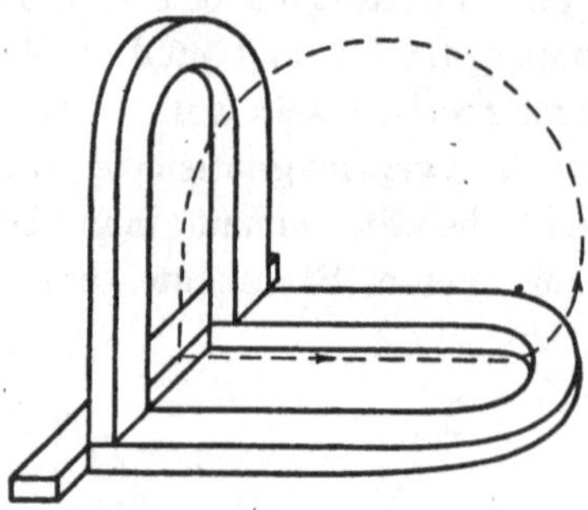

Fig. 62.

Derartig hergestellte künstliche Magnete verlieren allmählich etwas von ihrem Magnetismus, bis sie einen Zustand annehmen, der längere Zeit anhält. Diesen Magnetismus nennt man permanenten Magnetismus.

Den bei weichem Eisen zurückbleibenden Magnetismus, welcher sehr gering ist, nennt man remanenten Magnetismus.

Die Herstellung permanenter Magnete erfolgt in der Weise, daß man den Stab nach dem ersten Magnetisieren längere Zeit in dem Dampf von siedendem Wasser erhitzt, ihn abkühlen läßt, neu magnetisiert, wieder erhitzt und so fort. Nach dem letzten Magnetisieren wird der Magnet stundenlang in Wasserdampf erhitzt. Durch heftige Erschütterungen wird die Güte des Magneten noch erhöht.

Die Magnetisierung nimmt mit der Temperatur ab. Man nennt die durch + 1° hervorgebrachte relative Abnahme des Magnetismus den Temperaturkoeffizienten, welcher um so kleiner ist, je größer der spezifische Magnetismus ist. Bei 300°—400° verschwindet der permanente Magnetismus vollkommen.

Die Verwendung von Magneten, vornehmlich Elektromagneten, ist heute eine sehr mannigfaltige und große. So werden Magneten zum Tragen von Lasten in Fabriken, zum Scheiden von Erz, zum Bremsen von Wagen usw. benutzt, nicht zu vergessen die Magnete bei Dynamos und in Meßinstrumenten.

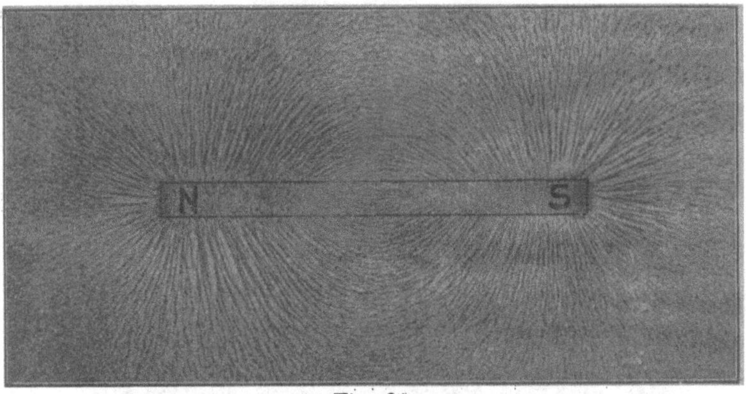

Fig. 63.

Bei Gleichstrombremsmagneten ist der Energieverbrauch ein geringer, Nebenschlußmagnete gebrauchen, um 50 kgcm zu heben, rd. 150 Watt, für 200 kgcm rd. 300 Watt.

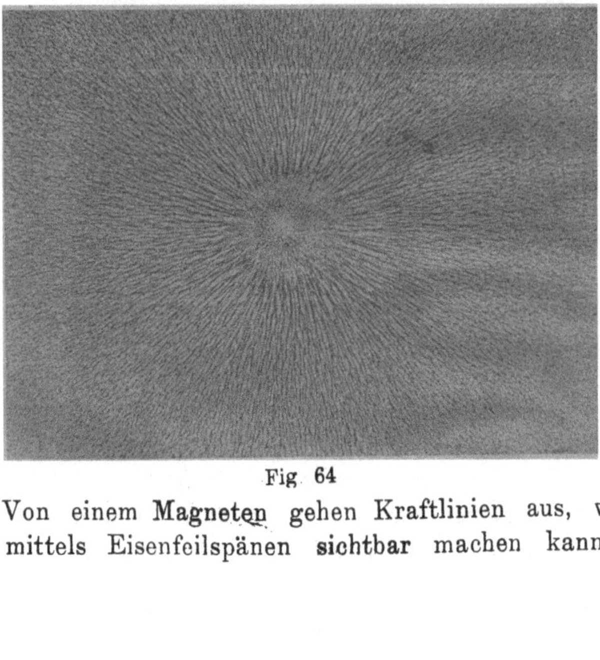

Fig. 64

Von einem Magneten gehen Kraftlinien aus, welche man mittels Eisenfeilspänen sichtbar machen kann. In

Fig. 63 sind die Kraftlinien dargestellt, welche wir bei einem Stabmagneten erhalten. Wir legen den Magneten unter ein Blatt Papier und bestreuen dieses mit Eisenfeil-

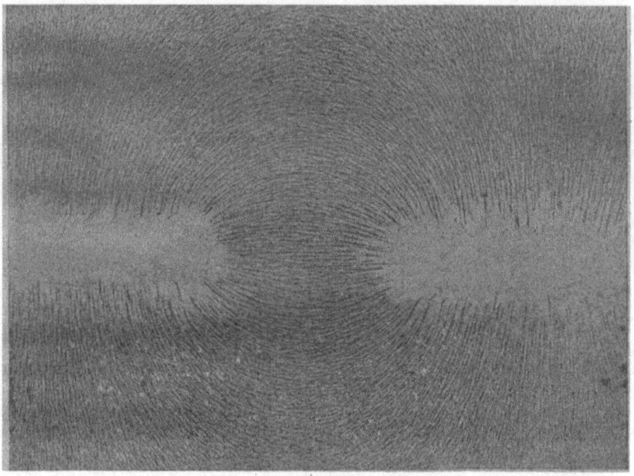

Fig. 65.

späne, welche sich so ordnen, daß in der Richtung der magnetischen Kraft immer 2 Späne aneinander liegen. Die

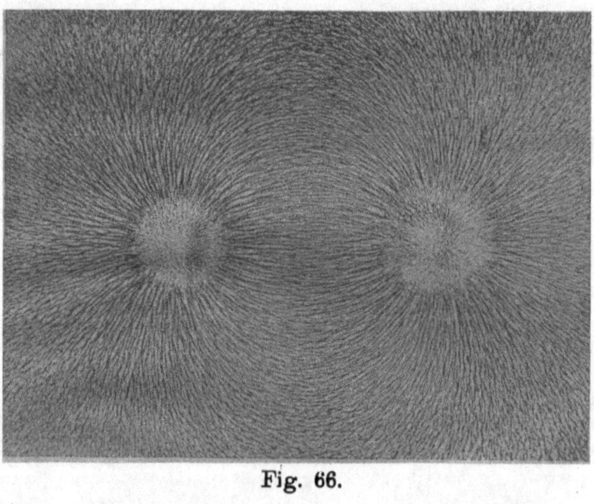

Fig. 66.

Kraftlinien gehen von den Polen aus, an welchen sie am stärksten sind. Sie verlaufen am dichtesten von einem Pol zu dem andern in gekrümmten Linien, wobei die Kraftlinien immer vom Nordpol in die Luft eintreten und nach dem Südpol verlaufen.

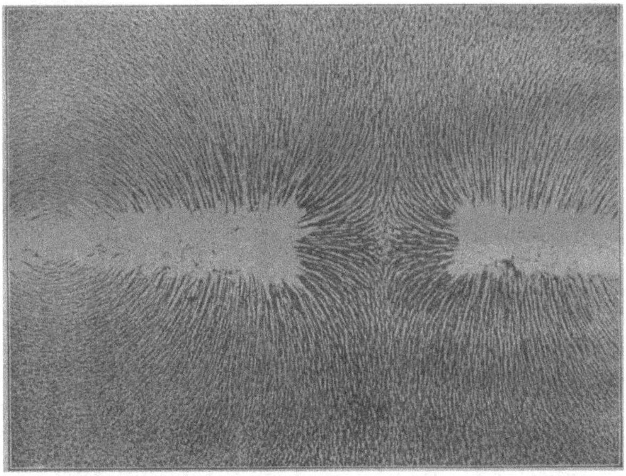

Fig. 67.

Fig. 64 stellt die Kraftlinien dar, welche sich auf einem Pole bilden, sie treten sämtlich strahlenförmig aus.

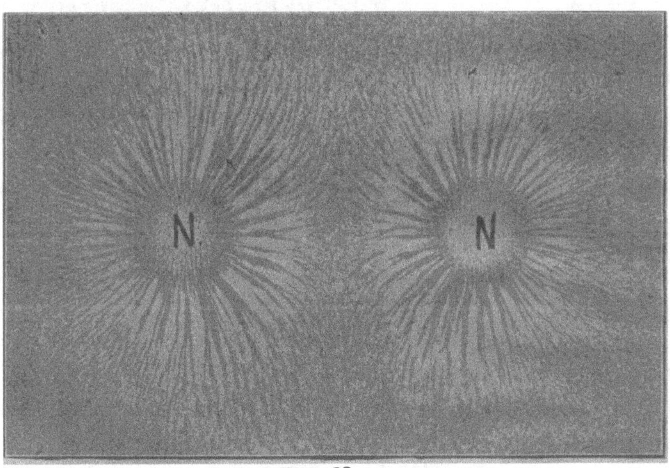

Fig. 68.

In Fig. 65 sind die **Kraftlinien** dargestellt, welche sich um zwei benachbarte ungleichnamige Pole bilden, dasselbe ist in

Fig. 66 dargestellt, wobei in Fig. 65 die Kraftrichtung parallel mit der Achse und in Fig. 66 senkrecht zu derselben dargestellt ist.

Anders wird das Bild, wenn man gleichnamige Pole einander nähert. Fig. 67 und Fig. 68 stellen dies dar. Die Kraftlinien stoßen einander ab, wodurch der Beweis erbracht ist, daß sich gleichnamige Pole abstoßen, ungleichnamige aber anziehen.

Die gesamten Kraftlinien nennt man das magnetische Feld. Die Zahl der Kraftlinien, welche durch einen Quadratzentimeter gehen, bezeichnet man mit Feldstärke. In Fig. 69 ist in dem Raume a die Feldstärke gleich 4, d. h. es gehen durch 1 qcm 4 Kraftlinien. Hat man nun ein Kraftfeld von 24 qcm, so ist die Gesamtzahl der Kraftlinien $4 \cdot 24 = 96$.

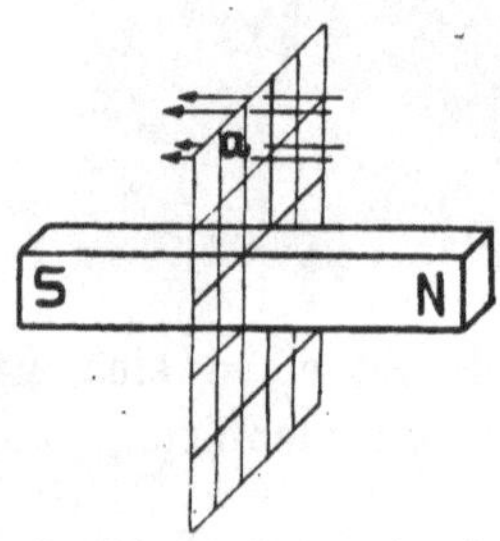

Fig. 69.

Hieraus ergibt sich das Gesetz: Die Gesamtzahl der Kraftlinien der durch eine Fläche gehenden Kraftlinien ist gleich der Feldstärke multipliziert mit dem Querschnitt der Fläche.

Wenn man mit H die Feldstärke, mit N die Gesamtzahl der Kraftlinien, mit Q den Querschnitt der Fläche in Quadratzentimeter bezeichnet, so ist

$$N = H \cdot Q, \quad H = \frac{N}{Q}, \quad Q = \frac{N}{H}.$$

Wie wir aus den Abbildungen ersehen haben, ist die Feldstärke an den Polen am dichtesten.

Bringt man in ein magnetisches Feld einen unmagnetischen Stab (Fig. 70), so wird dieser magnetisch. Die Kraftlinien durchdringen das Eisen und bewirken eine Zusammenziehung der Kraftlinien, so daß jetzt in dem Eisen eine größere Sammlung von Kraftlinien stattfindet als vorher in der Luft. Das Eisen hat eine größere magnetische Durchlässigkeit als die Luft. Diese Eigenschaft nennt man Permeabilität.

Bringt man das Eisen in das Feld von zwei benachbarten entgegengesetzten Polen (Fig. 71), so ist die Verdichtung der Kraftlinien noch größer als vorher. Wir er-

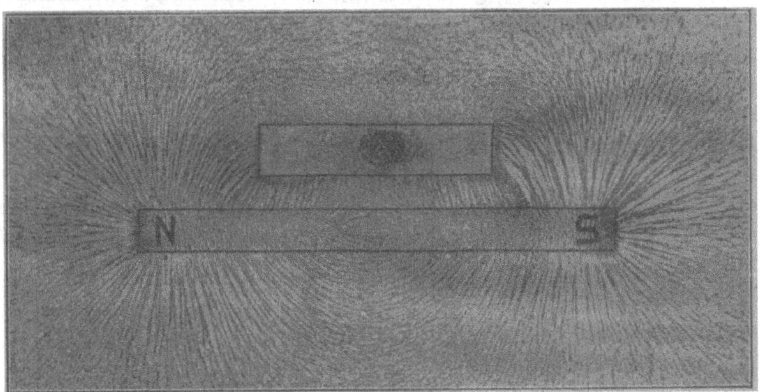

Fig. 70.

kennen auch, daß das vorher unmagnetische Eisen jetzt zu einem Magneten wird, und zwar wird das dem Nordpol be-

Fig. 71.

nachbarte Ende ein Südpol, das dem Südpol benachbarte ein Nordpol.

Bringt man zwischen die Pole eines Hufeisenmagneten (Fig. 72) einen aus Weicheisen bestehenden Ring, so haben die vom Nordpol ausgehenden Linien das Bestreben, durch den Ring zu gehen.

Der Ring selber ist im Innern frei von Kraftlinien (Fig. 72), es tritt eine sogenannte Schirmwirkung auf, welche in der Praxis verwendet wird, um z. B. sehr empfindliche Meßinstrumente vor dem Erdmagnetismus zu schützen.

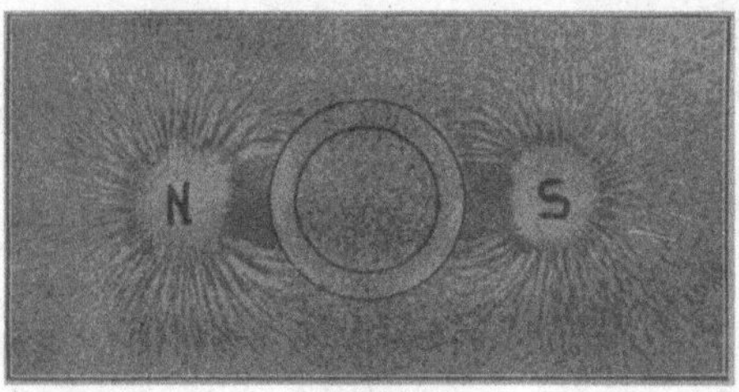

Fig. 72.

Die Feldstärke in irgendeinem Punkte eines magnetischen Feldes wird durch die Kraft gemessen, welche dort auf den Magnetpol eins ausgeübt wird. Die Zahl der Kraftlinien, welche in der Luft durch 1 qcm gehen, nennen wir Feldstärke, die Zahl der Kraftlinien auf 1 qcm, welche durch in ein magnetisches Feld gebrachtes Eisen gehen, nennen wir magnetische Induktion. Die Zahl, welche angibt, um wieviel größer die Induktion als die Feldstärke ist, nennen wir Permeabilität oder magnetische Durchlässigkeit.

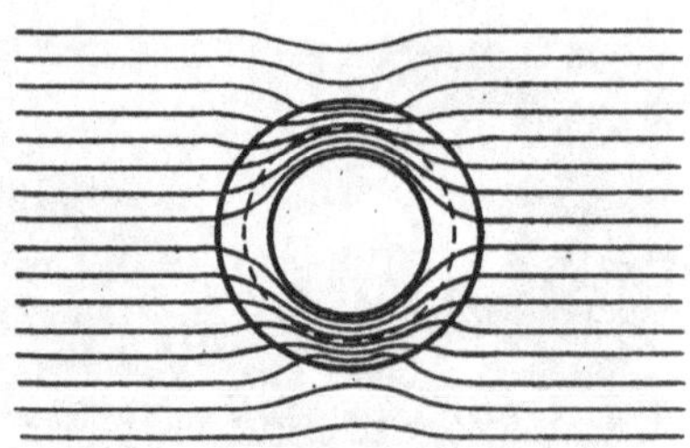

Fig. 72

Zwischen diesen drei Größen besteht ein Zusammenhang. Bezeichnen wir die Feldstärke mit H, die Induktion mit B und die Permeabilität mit μ, so ist

$$\mu = \frac{B}{H}, \ B = \mu \cdot H, \ H = \frac{B}{\mu}.$$

Je nach dem Material ist die Permeabilität verschieden, ferner hängt sie von der Feldstärke ab.

Fig. 73 gibt ein Diagramm über die magnetische Induktion von Dynamo-Stahlguß, weichem Schmiedeeisen und gewöhnlichem Gußeisen. Dynamostahlguß besitzt die höchste

Permeabilität, Gußeisen die geringste. Wir sehen ferner, daß mit zunehmender Feldstärke die Permeabilität geringer wird. Bei immer steigender Feldstärke erhalten wir schließ-

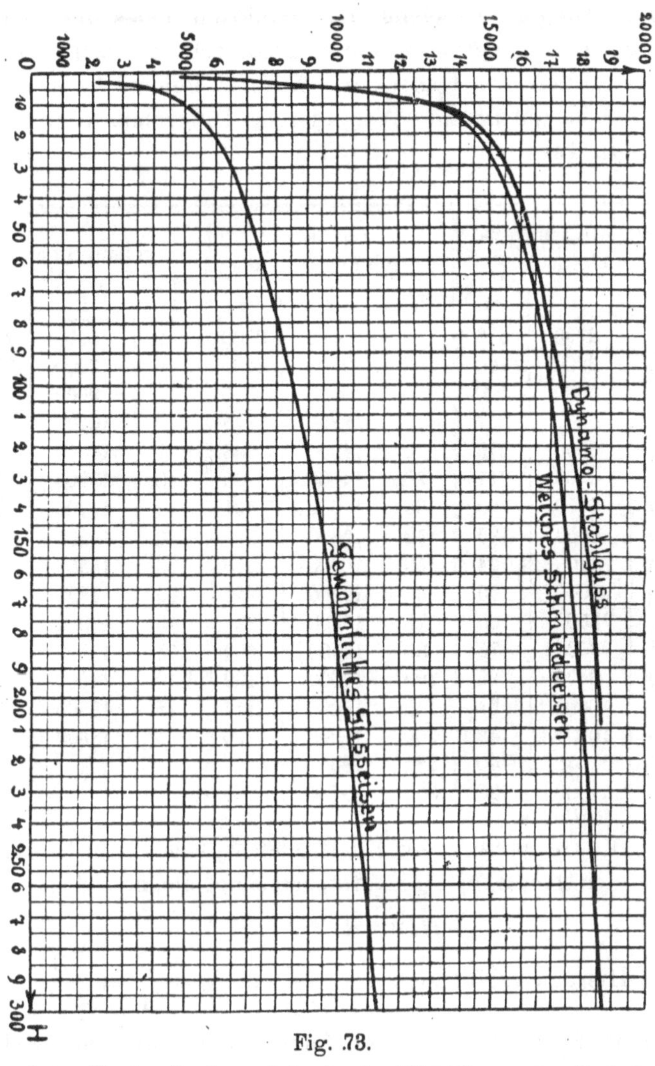

Fig. 73.

lich einen Zustand, in welchem eine Erhöhung der Induktion nicht mehr möglich ist, wir nennen diesen Zustand Sättigung.

In dem Diagramm sind auf der Abszisse OH die Feldstärken von 0 bis 300 aufgetragen, auf der Ordinate OB die magnetischen Induktionen von 0 bis 20000. Man kann aus diesem Diagramm leicht die Induktion eines bestimmten Materials bei einer bestimmten Feldstärke ablesen, z. B. ist die Induktion des Gußeisens bei einer Feldstärke von 275 mit 11000 abzulesen. Aus diesem Diagramm ergibt sich folgende Tabelle

Gewöhnliches Gußeisen			Weiches Schmiedeeisen			Dynamo-Stahlguß		
H	B	μ	H	B	μ	H	B	μ
3	2700	900	2	5000	2500	2	5200	2600
5	3800	760	3	7200	2400	3	7500	2500
10	5000	500	5	10000	2000	4	9000	2250
15	5500	367	10	12750	1275	5	10000	2000
22	6000	273	15	14000	933	7	11800	1686
30	6500	217	20	14500	725	10	13000	1300
35	6750	193	30	15200	507	15	14400	960
40	6850	172	40	15600	390	20	14800	740
55	7400	134	50	15900	318	30	15500	517
80	8000	100	60	16200	270	50	16250	325
100	8500	85	75	16500	220	85	17000	200
125	9000	72	80	16700	209	105	17500	167
140	9500	68	100	16900	169	140	18000	129
185	10000	54	145	17000	117	175	18500	106
225	10500	42	200	18000	90	200	18600	93.
275	11000	40	265	18500	70			
300	11300	38	300	18700	63			

Die Gesamtzahl der Kraftlinien N, welche ein Eisenstab von einem Querschnitt Q besitzt, errechnet sich nach der Formel

$$N = B \cdot Q = \mu \cdot H \cdot Q.$$

Hieraus ergibt sich $B = \frac{N}{Q}$ und $Q = \frac{N}{B} = \frac{N.}{\mu \cdot H}$.

In einem Felde von H = 10 befinde sich ein Stab aus weichem Schmiedeeisen von dem Querschnitt 100 qcm. Es soll die Zahl der durch den Stab gehenden Kraftlinien berechnet werden.

$$N = \mu \cdot H \cdot Q = 1275 \cdot 10 \cdot 100 = 1275000.$$

Es sind demnach 1275000 Kraftlinien vorhanden, welche durch den Eisenstab gehen.

Mit Hilfe dieser Formeln lassen sich alle Berechnungen für Magneten anstellen.

Wir sahen, daß wir durch Streichen mit einem Magneten ein Stück Eisen allmählich in einen Magneten verwandeln können, aus der Kurve (Fig. 73) erkannten wir ferner, daß jedes Material nur eine bestimmte Menge Magnetismus aufnehmen kann, welche ihr Ende an der Sättigungsgrenze hat

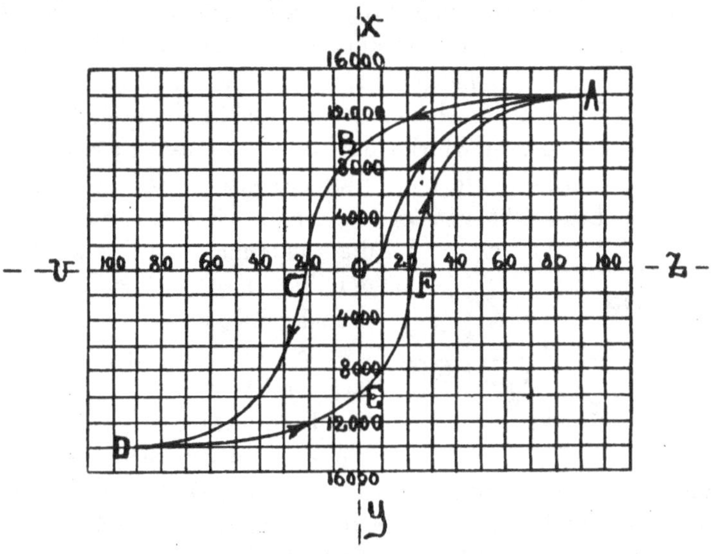

Fig. 74.

Nun kann man einen aus weichem Eisen bestehenden Stab auch dadurch magnetisieren, daß man ihn mit einer Drahtspule umgibt, durch welche man elektrischen Strom sendet. Sobald man den Strom umkehrt, wird der Magnetismus in dem Stab gleichfalls umgekehrt werden. Nimmt man diese Ummagnetisierung mit allmählich schwächer werdendem Strome vor, so macht man die Beobachtung, daß der Magnetismus noch nicht verschwunden ist, wenn der Strom bereits auf Null herabgegangen ist. Es haftet dem Stab noch etwas Magnetismus an. Diese Fähigkeit nennt man Hysteresis. Die Molekülchen sind jetzt noch nicht alle in ihre ursprüngliche Lage zurückgekehrt. Die Hysteresisarbeit wird in Wärme umgewandelt und geht so für die Magnetisierung verloren. Der auf diese Weise entstehende Verlust heißt Hysteresisverlust.

Die Wärmezunahme ist um so größer, je härter das Material ist, je häufiger die Ummagnetisierung stattfindet und je länger dieses Wechseln vorgenommen wird.

Fig. 74 zeigt die Vorgänge bei der Magnetisierung und Ummagnetisierung. Auf der Abszisse vz sind die Feldstärken aufgetragen, und zwar, nach beiden Seiten von 0, von 0 bis 100. Auf der Ordinaten xy sind die Induktionen aufgetragen, von 0 ausgehend, von 0 bis 16000.

Wird nun ein Weicheisenstab allmählich durch ein Feld magnetisiert, dessen Stärke allmählich bis auf 80 gesteigert wird, so erhalten wir eine Magnetisierung, welche allmählich eine Intensität von 14000 erhält. Bei A erhalten wir die Sättigung. Lassen wir jetzt den Strom allmählich auf Null zurückgehen, so geht der Magnetismus ebenfalls zurück, und zwar nach der Kurve AB in Richtung des eingezeichneten Pfeiles. Ist der Strom Null, so haben wir noch eine Intensität von fast 10000. Legen wir das Eisen jetzt mit umgekehrten Polen in das Feld, so muß an Stelle des Nordpoles ein Südpol (Fig. 75) und an Stelle des Südpoles ein Nordpol treten. Der Magnetismus nimmt jetzt schnell ab, erreicht bei einer Feldstärke von rd. 22 den Wert Null und nimmt nun wieder mit entgegengesetzter Polarität zu, bis er die Sättigungsgrenze bei D erreicht, welche der früheren bei A entspricht.

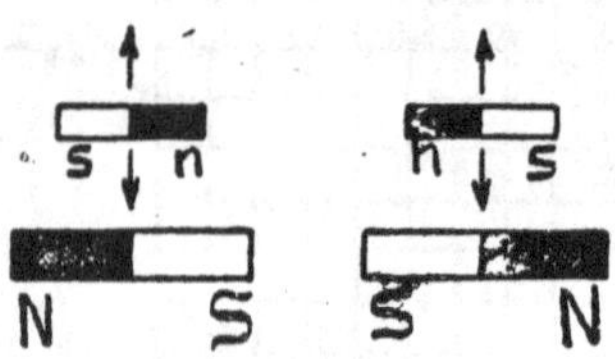

Fig. 75.

Nimmt man das Eisen jetzt wieder aus dem Felde heraus, kehrt es in der Feldstärke Null um und nähert es wieder, so erhalten wir jetzt die Kurve DEFA, welche der von ABCD entspricht. Der Magnetismus bleibt jetzt in E hinter der Feldstärke zurück, erreicht in F den Wert Null und steigt dann wieder mit veränderter Polarität.

Es geht somit jedesmal Strom verloren, um das Eisen wieder unmagnetisch zu machen.

Erwähnt sei hier noch, daß der Magnetismus auf die Tonhöhe von Stimmgabeln einen Einfluß ausübt, und zwar steigt die Schwingungszahl, wenn die Schwingungsebene der Stimmgabel senkrecht zum Felde schwingt. Sie sinkt, wenn die Schwingungsebene parallel zum Felde schwingt. Angestellte Versuche, welche ich unternommen habe, zeigten, daß die Veränderung ähnlich der Hysteresiskurve vor sich geht.

Bekannt ist ferner, daß man mittels eines Magneten Röntgenstrahlen ablenken kann.

Elektromagnetismus.

Oerstedt machte bereits im Jahre 1819 die Beobachtung, daß eine Magnetnadel ausschlug, als er dieselbe einem

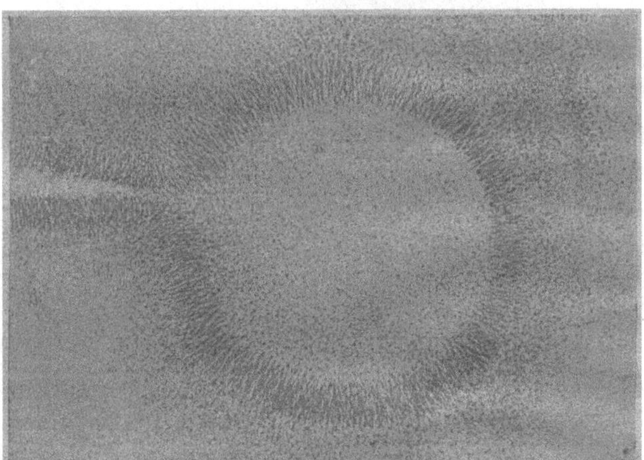

Fig. 76.

stromdurchflossenen Platindraht näherte. Es besteht somit ein Zusammenhang zwischen dem elektrischen Strom und dem Magnetismus. Heute wissen wir, daß wir mit Hilfe des Magnetismus elektrischen Strom und mit elektrischem Strom Magnetismus erzeugen können. Alle Erscheinungen, welche in dem vorigen Kapitel besprochen sind, können wir beobachten, wenn wir an Stelle eines permanenten Magneten einen Elektromagneten nehmen.

In Fig. 76 ist ein Bild gegeben, in welchem ein gebogener Kupferdraht, welcher von Strom durchflossen wird, unter einem mit Eisenfeilspänen bestreuten Stück Papier liegt. Von dem Draht gehen Kraftlinien aus, welche senkrecht zu dem Draht stehen. In Fig. 77 ist dargestellt, wie die Kraftlinien um den Draht herum verlaufen. Die Richtung der Kräfte wird durch die Nordpole der Magnete angedeutet. Die Kraftrichtung ist kreisförmig, die Bewegung erfolgt in der Richtung des Uhrzeigers, wenn der Strom von uns in die Bildebene wegfließt, entgegengesetzt der Richtung des Uhrzeigers aber, wenn der Strom aus der Bildebene heraus auf uns zufließt.

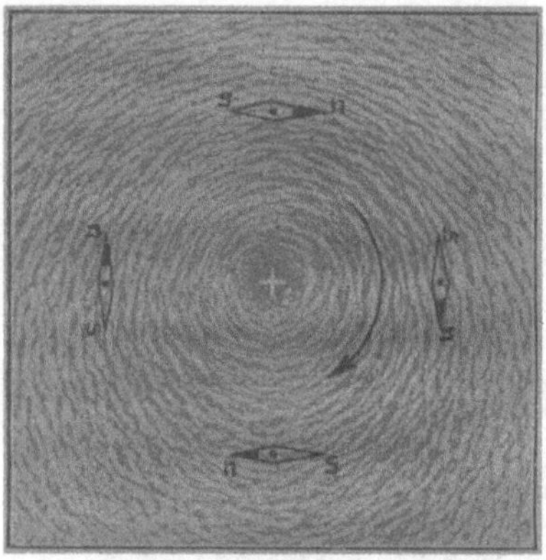

Fig. 77.

Ampere hat folgende Regel aufgestellt: Man denke sich in der Richtung des positiven Stromes mit dem Kopfe voran schwimmend, so daß der positive Strom zu den Füßen eintritt, am Kopfe austritt, und blicke die Magnetnadel an, so wird der Nordpol nach links abgelenkt.

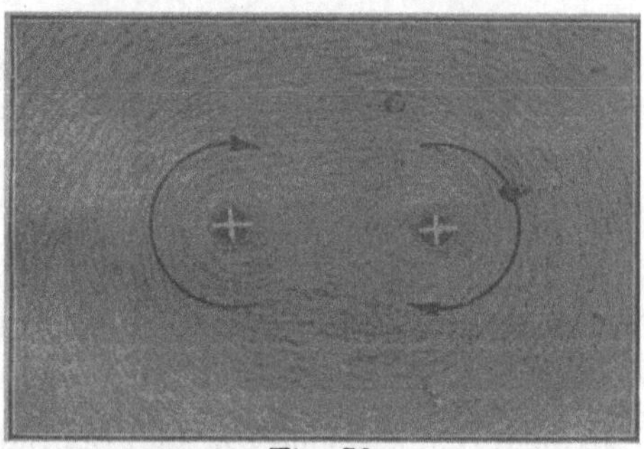

Fig. 78.

Je stärker der Strom ist, um so stärker ist die Ablenkung. Aus dem Ausschlag der Nadel kann man durch Versuche die Größe der Stromstärke bestimmen.

Wenn man durch zwei benachbarte Drähte Strom sendet, so beeinflussen sich die Kraftlinien. Fließen die Ströme parallel und in derselben Richtung, so vereinigen sich die Kraftlinien (Fig. 78). Sie ziehen sich gegenseitig an. Sind die Ströme einander entgegengerichtet, so stoßen sich die Kraftlinien ab (Fig. 79).

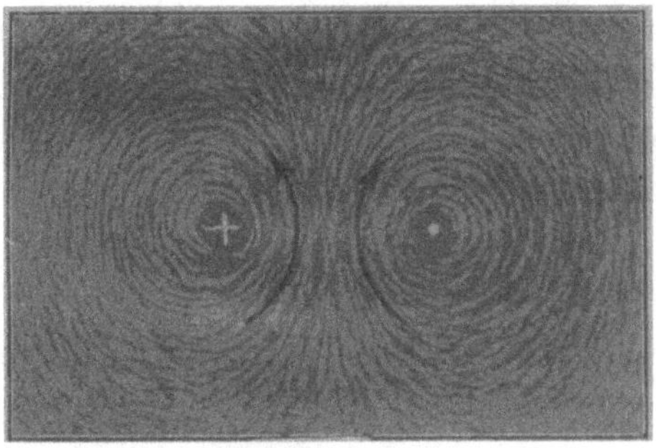

Fig. 79.

In Fig. 76 haben wir gesehen, daß ein stromdurchflossener Draht von Kraftlinien umgeben ist. Nehmen wir einen kreisförmig gebogenen Draht, so verlaufen die Kraftlinien gemäß Fig. 80. In Fig. 80a sehen wir, wie die Linien um den Draht kreisen, in Fig. 80 b, ist der Ring im Querschnitt dargestellt. Die Kraftlinien verlaufen genau so, wie wir

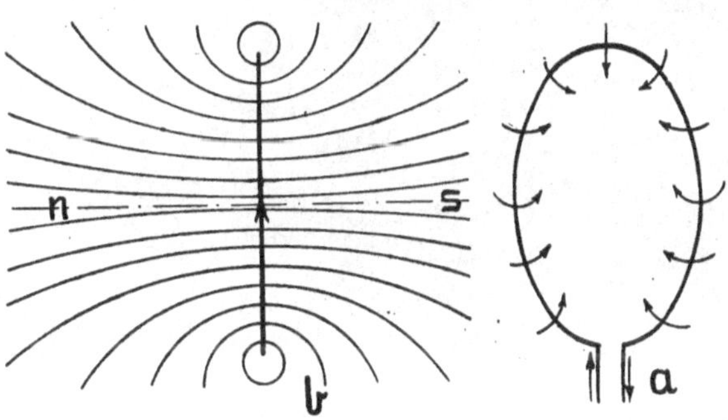

Fig. 80.

es beim Magneten kennen gelernt haben. Wo die Kraftlinien aus der Ebene heraustreten, erhalten wir einen Nordpol n, wo sie in die Ebene zurückkehren, einen Südpol s.

Die Herstellung derartiger Spulen ist aus Fig. 81 ersichtlich. Der Draht wird um einen Dorn gewickelt, wobei darauf geachtet werden muß, daß sich die einzelnen Wicklungen nicht berühren. Am besten nimmt man daher isolierten Draht für diese Spulen, welche man Solenoid nennt. Sendet man in der in der Figur angegebenen Richtung Strom durch die Spule, so erhält man links einen Nordpol, rechts einen Südpol. Wird die Spule freischwebend aufgehängt, so verhält sie sich genau wie ein Magnet, d. i. bei Annäherung eines Nordpoles wird der Nordpol des Solenoides abgestoßen, bei Annäherung eines Südpoles aber angezogen. Freischwebend stellt sie sich in die Nordsüdrichtung ein.

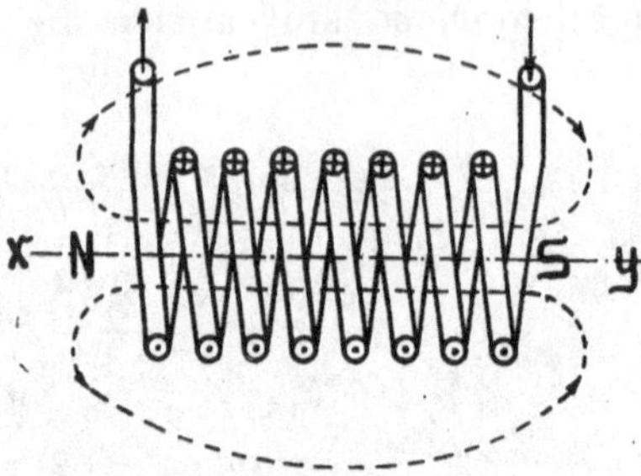

Fig. 81.

Die Ströme verlaufen in einem Solenoid gleichgerichtet und parallel. Sämtliche Kraftlinien vereinigen sich demnach

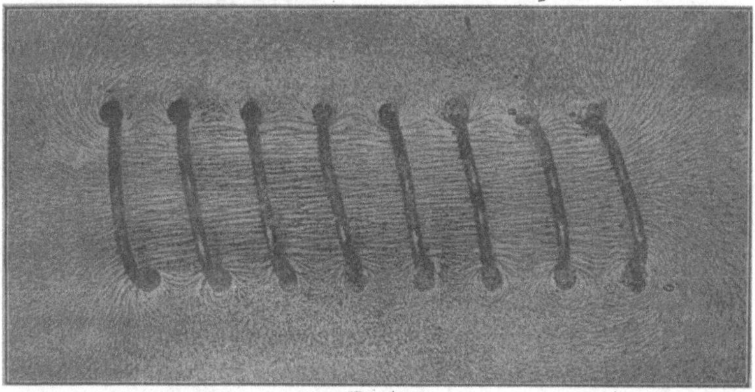
Fig. 82

in der Richtung xy. In Fig 82 ist ein Kraftlinienbild eines Solenoides dargestellt. Wir sehen auch hier wieder Übereinstimmung mit den Kraftlinien eines Magneten.

Eine stromdurchflossene Spule hat, wie wir gesehen haben, im Innern die größte Kraftliniendichte. Dieser Umstand wird in der Praxis vielfach benutzt. Hängt man ein rundes Stück aus weichem Eisen so auf, daß es in das Innere der Spule hineingelangen kann (Fig. 83 a), und zwar an dem einen Ende eines doppelarmigen Hebels, so daß das auf der anderen Seite hängende Gewicht ebenso schwer ist wie das Eisenstück, so wird beim Stromdurchgang das Eisenstück in das Innere der Spule gezogen werden und das Gewicht hochheben (Fig. 83 b). Öffnet man den Stromkreis, so wird die Spule unmagnetisch und der Eisenkern schnellt nach oben.

Die Solenoide werden oft auf Zylindern aus Holz oder Hartgummi aufgewickelt, um eine Beschädigung des Innern zu verhüten.

Die Stärke der Magnetisierung nimmt mit der aufgewendeten Stromstärke zu, ebenso aber auch mit der Zahl der Windungen. Da der Strom in Ampere gemessen wird, so nennt man das Produkt aus Stromstärke und Zahl der Windungen die Amperewindungen.

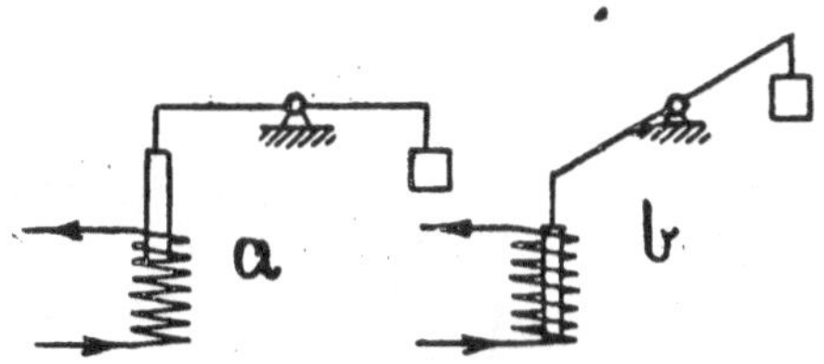

Fig. 83.

Hat z. B. eine Spule 50 Windungen, und wird durch diese Spule ein Strom von 100 Ampere gesandt, so erhält man das Produkt von $50 \cdot 100 = 5000$. Die Spule hat demnach 5000 Amperewindungen. Dieselbe Zahl von Amperewindungen erhält man, wenn man durch eine Spule mit 250 Windungen einen Strom von 20 Amp. sendet usw.

Will man die Feldstärke in Kraftlinien erhalten, so muß man die Zahl der Amperewindungen, welche auf 1 cm der Spulenlänge entfallen, mit 1,256 multiplizieren.

$$\text{Feldstärke} = \frac{1{,}256 \cdot \text{Amperewindungen}}{\text{Spulenlänge in cm}}$$

Die Gesamtzahl der Kraftlinien erhält man, indem man die Feldstärke mit dem lichten Spulenquerschnitt in Quadratzentimeter multipliziert.

Es sei N die Gesamtzahl der Windungen,
H die Feldstärke,
J die Stromstärke in Amp.,

L die Länge der Spule in cm,
Q der Querschnitt der Spule in qcm,
Z die Zahl der Windungen,

$$\text{so ist } H = \frac{1{,}256 \cdot Z \cdot J}{L}, \quad N = \frac{1{,}256\, Z \cdot J \cdot Q}{L}.$$

Sollen die Amperewindungen berechnet werden, welche nötig sind, um in einer Spule eine bestimmte Felddichte zu erzielen, so benutzt man die Formel

$$Z \cdot J = \frac{H \cdot L}{1{,}256}.$$

Der Querschnitt der Spule ist von geringem Einfluß, so daß er vernachlässigt werden kann.

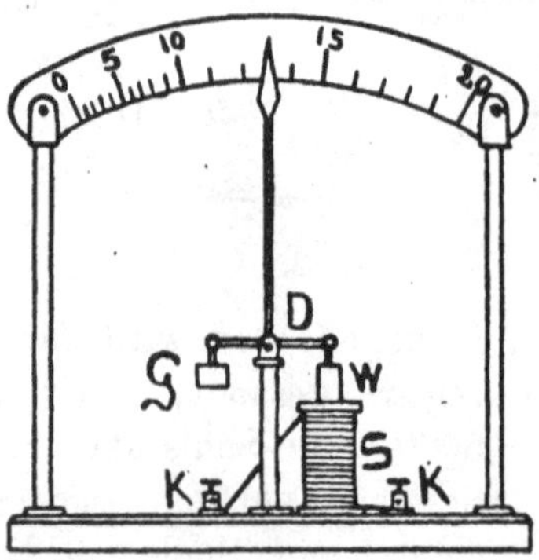

Fig. 84.

Bei einer fertigen Spule sind die Werte 1,256, L, Q und Z feststehend, die Stärke ist allein abhängig von der aufgewendeten Stromstärke.

Dieser Umstand wird bei der Herstellung elektromagnetischer Meßinstrumente verwendet, wie es in Fig. 84 dargestellt ist. Durch eine Spule S, welche mit ihren Enden an die Klemmen K und K angeschlossen ist, wird Strom gesandt. Der Weicheisenkern W, welcher ein Gegengewicht G besitzt und um D drehbar ist, ragt in das Innere der Spule hinein. Die Skala ist so angeordnet, daß im stromlosen Zustande der Hebel auf Null steht. Je nachdem nun ein mehr oder minder starker Strom durch die Spule gesandt wird, wird der Kern W tiefer oder weniger tief in die Spule hineingezogen. In der Abbildung ist die Skala für einen Maximalstrom von 20 Amp. geeicht. Sobald der Strom ausgeschaltet wird, zieht das Gewicht G den Kern aus der Spule so weit heraus, daß der Zeiger wieder auf Null steht.

Mit Hilfe der vorstehenden Formeln lassen sich die verschiedensten Aufgaben lösen. So besitze eine Spule von 12 cm Länge und 6 qcm lichtem Querschnitt 80 Windungen. Es soll berechnet werden, wieviel Kraftlinien in der Spule sind, wenn ein Strom von 10 Amp. hindurchgesandt wird

Es ist $N = H \cdot Q$,

$$H = \frac{1{,}256 \cdot 80 \cdot 10}{12},$$

mithin $$N = \frac{1{,}256 \cdot 80 \cdot 10 \cdot 6}{12} = 502 \text{ Kraftlinien.}$$

Wird die Stromstärke oder die Anzahl der Windungen verdoppelt, so ist $N = 1004$, werden Stromstärke und Zahl der Windungen verdoppelt, so wird $N = 4 \cdot 502 = 2008$.

Das magnetische Feld einer Spule von 20 qcm Querschnitt bei ungefähr 5 cm lichtem Durchmesser und 20 cm Länge habe 8000 Kraftlinien. Es soll die Zahl der Amperewindungen berechnet werden.

$$H = \frac{N}{Q} = \frac{8000}{20} = 400.$$

$$ZJ = \frac{HL}{1{,}256} = \frac{400 \cdot 20}{1{,}256} = 6370.$$

Es sind demnach 6370 Amperwindungen erforderlich. Diese können folgendermaßen erreicht werden:

6370	Windungen	bei	einer	Stromstärke	von	1	Ampere,
637	„	„	„	„	„	10	„
91	„	„	„	„	„	70	„
70	„	„	„	„	„	91	„
10	„	„	„	„	„	637	„
5	„	„	„	„	„	1274	„

Die an einer bestimmten Stelle a in der Nähe eines geraden Leiters (Fig. 85) wirkende magnetische Kraft ist proportional der doppelten Stromstärke und umgekehrt proportional der Entfernung dieses Punktes von dem Stromleiter, demnach gleich $\frac{2\,J}{r}$.

Wird dieser Leiter zu einem Kreise mit dem Radius r gebogen, so wirkt jetzt im Punkte a der Leiter in seiner ganzen Länge $2 r \pi$ (Fig. 86). Die den Magnetismus erzeugende Kraft, die magnetomotorische Kraft, ist gleich

$$\frac{2 J}{r} \cdot 2 \pi r = 4 \pi J.$$

Besitzt die Spule z Windungen, welche sämtlich von Strom durchflossen werden, so ist die gesamte magnetomotorische Kraft gleich $4 \pi Z J$.

Die Messung der Stromstärke erfolgt hier nicht in Ampere, sondern in dem absoluten Maßsystem, es wird die Stromstärke gemessen, welche beim Durchfließen eines geraden Leiters im Abstand von 1 cm eine Feldstärke von 2 Kraftlinien, oder im Abstande von 2 cm eine Feldstärke von einer Kraftlinie erzeugt. Das Ampere ist der zehnte Teil dieser Stromstärke.

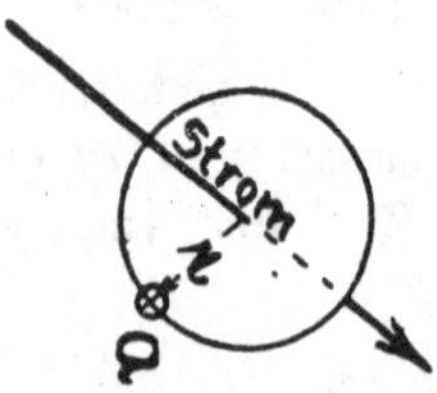

Fig. 85.

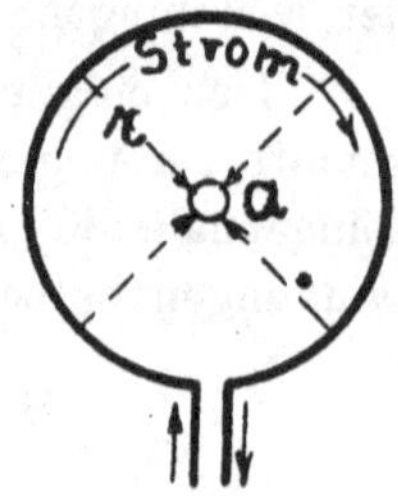

Fig. 86.

Da in der Praxis stets nach Ampere gemessen wird, so ist die magnetomotorische Kraft der zehnte Teil, also gleich $0{,}4 \pi Z J = 1{,}256 Z J$.

Die Zahl der erzeugten Kraftlinien, die magnetische Stromstärke hängt von der magnetomotorischen Kraft ab und von dem Widerstande, welchen die Kraftlinien bei ihrer Ausbreitung finden.

Es ist

$$\text{Magnetische Stromstärke} = \frac{\text{magnetomotoriche Kraft}}{\text{magnetischen Widerstand}}.$$

Wir erkennen hier eine Ähnlichkeit mit dem Ohmschen Gesetz. Der magnetische Widerstand nimmt mit der Spulenlänge zu, mit dem Querschnitt und der magnetischen Leitfähigkeit ab, welche letztere der Permeabilität entspricht.

Der magnetische Widerstand ist gleich

$$\frac{\text{Länge}}{\text{Querschnitt} \cdot \text{Permeabilität}} = \frac{L}{Q\,\mu}.$$

Für Luft ist $\mu = 1$, die Kraftlinienzahl in einer Spule ist demnach $N = \frac{1{,}256\, Z \cdot J \cdot Q}{L}$.

und die Feldstärke $H = \frac{N}{Q} = \frac{1{,}256\, Z \cdot J}{L}$.

Wir sahen bereits, daß wir stromdurchflossene Spulen als Magnete benutzen können. Die wichtigsten Teile eines Elektromagneten sind in Fig. 87 dargestellt. Es bezeichnen A den Anker, J das Joch, S die Schenkel, P die Polschuhe, L den Luftspalt, K den Spulenkasten und W die Wicklung, welche aus isoliertem Kupferdraht, Kupferband oder Kupferseil besteht. Die Spulenkästen K werden aus Isoliermaterial hergestellt. Sie müssen einen derartigen Durchmesser haben, daß sie leicht über die Schenkel S geschoben werden können.

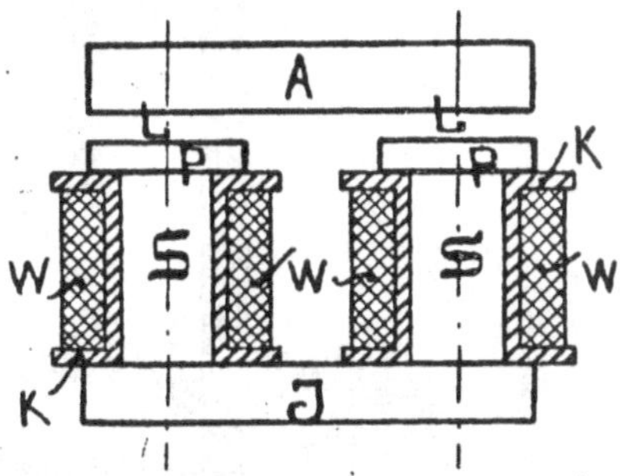

Fig. 87.

Experimentell läßt sich die Tragfähigkeit von Elektromagneten nach Fig. 88 bestimmen.

Um die Kraftlinien von Elektromagneten zu berechnen, benutzt man die Formel

$$N = B \cdot Q = \mu \cdot H \cdot Q = \frac{1{,}256\, Z \cdot J\, \mu \cdot Q}{L}.$$

Ein schmiedeeiserner Stab von 30 cm Länge und 2 cm Durchmesser befinde sich in einer Spule von gleicher Länge, welche 300 Windungen hat. Es sollen die Kraftlinien berechnet werden, wenn ein Strom von 4 Amp durch die Windungen fließt.

$$H = \frac{1{,}256\, Z \cdot J}{L} = \frac{1{,}256 \cdot 300 \cdot 4}{30} = 50.$$

Für Schmiedeeisen ist die Permeabilität bei einer Feldstärke von 50 gleich 320. Da der Querschnitt gleich 3,14 qcm ist, erhalten wir

$$N = H \cdot Q \cdot \mu = 50 \cdot 320 \cdot 3{,}14 = 50\,240 \text{ Kraftlinien.}$$

Wenn wir durch den ringförmigen Eisenkern (Fig. 89) eine bestimmte Stromstärke senden, erhalten wir

$$N = B \cdot Q, B = \mu \cdot H, H = \frac{0{,}4 \cdot \pi\, Z \cdot J}{L}.$$

L ist gleich der mittleren Länge des Ringes, also gleich $\pi \cdot D$.

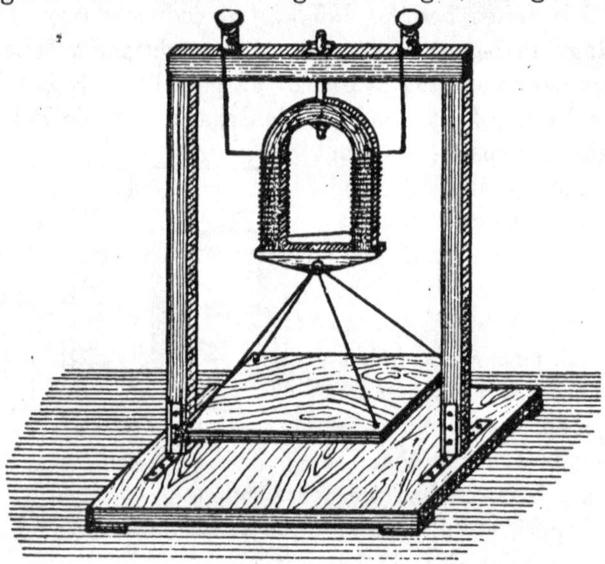

Fig. 88.

Es ist nun festgestellt, daß die Windungen nicht über den ganzen Ring gleichmäßig verteilt zu sein brauchen, daß der magnetische Kraftlinienfluß vielmehr derselbe bleibt, wenn die Windungen, wie in Fig. 90 dargestellt, den Ring nur teilweise umgeben. Hierbei ist Voraussetzung, daß die Amperewindungen denselben Wert haben. Für L muß stets die mittlere Länge des Kraftlinienweges eingesetzt werden. Es ist dann

$$N = \frac{0{,}4 \cdot \pi \cdot Z \cdot J \cdot \mu \cdot Q}{L} = \frac{0{,}4\, \pi \cdot Z \cdot J}{\frac{L}{\mu Q}}.$$

Diese Formel ist auch dann zutreffend, wenn der Ring an einer Stelle unterbrochen wird (Fig. 90). Hierbei entsteht an der offenen Stelle ein Nord- und ein Südpol. Der magnetische Widerstand setzt sich dann zusammen aus dem Widerstand des Eisens und dem Widerstand der Luft. Es ist, wenn man mit MW den magnetischen Widerstand bezeichnet,

$$MW = \frac{l_1}{\mu_1 Q_1} + \frac{l_2}{\mu_2 Q_2},$$

$$N = \frac{0{,}4\,\pi \cdot Z \cdot J}{\frac{l_1}{\mu_1 Q_1} + \frac{l_2}{\mu_2 Q_2}},$$

hierin ist μ_2 gleich 1 für Luft.

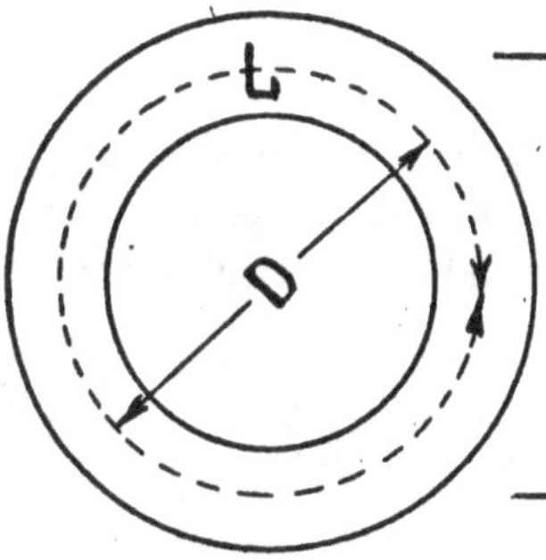

Fig. 89.

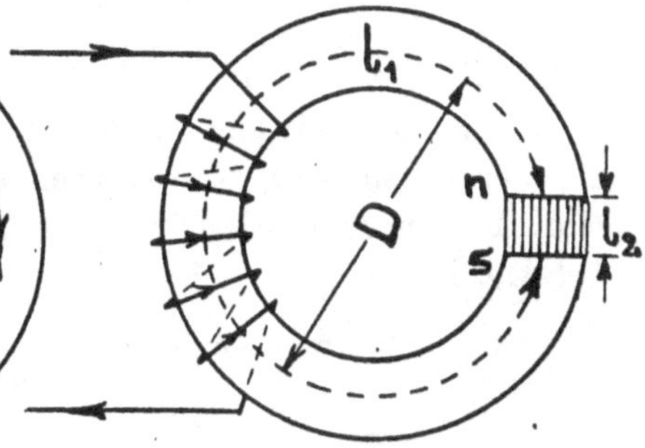

Fig. 90.

Es steht nun fest, daß der Luftweg für den Durchgang der Kraftlinien hindernd ist, er soll deshalb stets sehr klein gehalten werden.

Ein schmiedeeiserner Ring von einem mittleren Durchmesser von 22 cm und einem Querschnit von 16 qcm sei mit 400 Windungen bewickelt, welche von 11 Amp. durchflossen werden. Es soll die Anzahl der Kraftlinien bei geschlossenem Ringe berechnet werden.

$$N = \frac{0{,}4\,\pi \cdot Z \cdot J,}{\frac{L}{\mu\,Q}} \quad H = \frac{0{,}4\,\pi \cdot Z \cdot J}{L},$$

$$H = \frac{1{,}256 \cdot 400 \cdot 11}{69} = 80.$$

Da für weiches Schmiedeeisen μ gleich 209 ist, so erhalten wir

$$N = \frac{5526}{\frac{69}{209 \cdot 16}} = 267800 \text{ Kraftlinien.}$$

Jetzt soll aus dem Ring ein Stück von 1 cm Breite herausgeschnitten und berechnet werden, wie groß jetzt die Kraftlinien sind.

$$N = \frac{0{,}4\,\pi \cdot Z \cdot J}{\frac{l_1}{\mu_1 Q_1} + \frac{l_2}{\mu_2 Q_2}}$$

$$= \frac{5526}{\frac{68}{209 \cdot 16} + \frac{1}{1 \cdot 16}} = \frac{5526}{\frac{277}{3344}} = 66675 \text{ Kraftlinien.}$$

Wenn man mit diesem offenen Ringe denselben Magnetismus erzeugen will, wie vorher mit dem geschlossenen, so muß berechnet werden, wie die Zahl der Kraftlinien vermehrt werden kann.

$$0{,}4\,\pi \cdot Z \cdot J = N \left(\frac{l_1}{\mu_1 Q_1} + \frac{l_2}{\mu_2 Q_2}\right).$$

$$B = \frac{N}{Q} = \frac{267\,800}{16} = 16\,700.$$

Dieser Induktion entspricht eine Permeabilität von 209. Es ist demnach

$$0{,}4\,\pi \cdot Z \cdot J = 267800 \left(\frac{68}{209 \cdot 16} + \frac{1}{1 \cdot 16}\right) = 22160.$$

$$Z \cdot J = \frac{22\,160}{1{,}256} = 17600 \text{ Amperewindungen.}$$

Um denselben Magnetismus zu erhalten, sind 17600 Amperewindungen erforderlich. Da nun die Zahl der Windungen mit 400 gegeben ist, so muß ein Strom von 17600 : 400 = 44 Amp. durch die Wicklungen gesandt werden, während bei einem geschlossenen Ringe nur ein Strom von 11 Amp. nötig war.

Bringt man in den Luftspalt ein Stück weiches Eisen, so setzt sich der magnetische Gesamtwiderstand zusammen aus dem Widerstand des Eisenringes von der Länge l_1, dem Widerstand der beiden Luftspalte $\frac{l_2}{2}$ und $\frac{l_2}{2}$ und dem Widerstand des Weicheisenstückes von der Länge l_3 (Fig. 91).

Es ist nun

$$MW = \frac{l_1}{\mu_1 Q_1} + \frac{l_2}{\mu_2 Q_2} + \frac{l_3}{\mu_3 Q_3},$$

$$N = \frac{0{,}4 \cdot \pi \cdot Z \cdot J}{\frac{l_1}{\mu_1 Q_1} + \frac{l_2}{\mu_2 Q_2} + \frac{l_3}{\mu_3 Q_3}},$$

$$0{,}4\,\pi \cdot Z \cdot J = N\left(\frac{l_1}{\mu_1 Q_1} + \frac{l_2}{\mu_2 Q_2} + \frac{l_3}{\mu_3 Q_3}\right)$$

$$= \frac{N}{\mu_1 Q_1} l_1 + \frac{N}{\mu_2 Q_2} l_2 + \frac{N}{\mu_3 Q_3} l_3.$$

$\frac{N}{\mu_1 Q_1} = H_1$, Feldstärke des Eisenringes

$\frac{N}{\mu_2 Q_2} = H_2$, Feldstärke des Luftraumes

$\frac{N}{\mu_3 Q_3} = H_3$, Feldstärke des Eisenstückes

$$0{,}4\,\pi \cdot Z \cdot J = H_1 l_1 + H_2 l_2 + H_3 l_3.$$

$$Z \cdot J = \frac{H_1 l_1 + H_2 l_2 + H_3 l_3}{0{,}4\,\pi}.$$

Diese in Fig. 91 dargestellte Anordnung findet Verwendung bei Motoren und Dynamos. Fig. 92 zeigt das Eisengestell eines Motors. Die Kraftlinien laufen von dem Nordpol N durch einen Luftspalt in den Anker K, von dort durch einen Luftspalt zum Südpol. Hier teilen sich die Kraftlinien und gehen durch die obere und untere Hälfte des Magnetgestelles M zum Nordpol zurück. Der mittlere Kraftlinienweg ist punktiert gezeichnet.

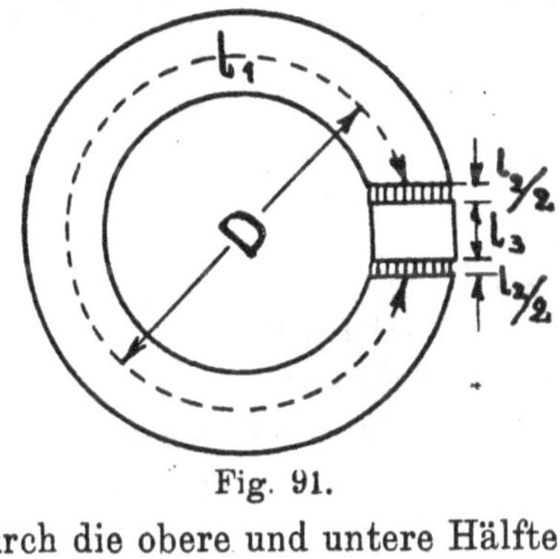

Fig. 91.

Das Material des Ankers ist weiches Schmiedeeisen, das des Magnetgestells Dynamgußstahl.

Es sollen berechnet werden

1. der Querschnitt Q_1 des Ankers,
2. die Feldstärke H_1 im Anker,
3. die mittlere Kraftlinienlänge l_1 im Anker,
4. der Querschnitt Q_2 des Luftspaltes,
5. die Feldstärke H_2 im Luftspalt,
6. die Kraftlinienlänge l_2 des Luftspaltes,
7. der Querschnitt Q_3 der Pole,
8. die Feldstärke H_3 in den Polen,
9. die mittlere Kraftlinienlänge l_3 in den Polen,
10. der Querschnitt Q_4 des Gestelles,
11. die Feldstärke H_4 im Gestell,
12. die mittlere Kraftlinienlänge l_4 im Gestell.

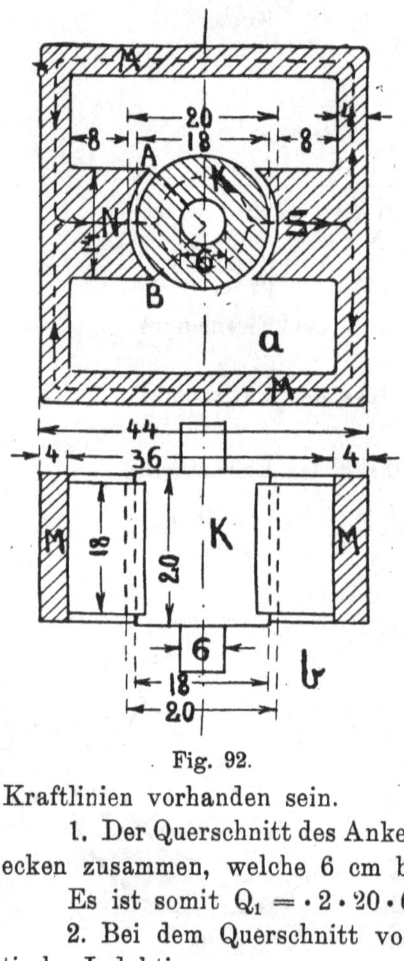

Fig. 92.

Zwischen Pol und Anker sollen 2520000 Kraftlinien vorhanden sein.

1. Der Querschnitt des Ankers setzt sich aus zwei Rechtecken zusammen, welche 6 cm breit und 20 cm lang sind. Es ist somit $Q_1 = \cdot 2 \cdot 20 \cdot 6 = 240$ qcm.

2. Bei dem Querschnitt von 240 qcm ist die magnetische Induktion

$$B = \frac{N}{Q_1} = \frac{2520000}{240} = 10500.$$

Dieser Induktion entspricht μ_1 mit 1750 und H_1 mit 6.

3. Die punktierte Linie stellt den mittleren Kraftlinienweg dar, welcher um zwei gerade Strecken vermehrt wird

$$l_1 = \frac{\pi\, 12}{2} + 2 \cdot 3 = 25 \text{ cm}.$$

4. Der Querschnitt des Luftspaltes hat eine Länge von 20 cm und eine Breite, welche dem Bogen AB entspricht. AB ist der Kreis über einem Winkel von 90°, mithin gleich dem vierten Teil eines Kreises vom Durchmesser 20 cm.

$$Q_2 = 20 \frac{20\,\pi}{4} = 314 \text{ qcm}.$$

5. Für Luft ist $\mu_2 = 1$, folglich $B = H_2 = \frac{N}{Q_2}$, hieraus ergibt sich

$$H_2 = \frac{2520000}{314} = 8025.$$

6. Die Kraftlinienlänge l_2 in der Luft ist $20 - 18 = 2$ cm.

7. Die Pole haben einen Querschnitt von $Q = 18 \cdot 14 = 252$ qcm.

8. Es ist $B = \frac{N}{Q_3} = \frac{2520000}{252} = 10000$, hierfür ist $\mu_3 = 2000$ und $H_3 = 5$.

9. In den Polen ist eine Kraftlinienlänge l_3 von $8 + 8 + 1 = 17$ cm.

10. Der Querschnitt des Magnetgestelles ist $4 \cdot 20 = 80$ qcm. Die Kraftlinien verteilen sich auf die beiden Hälften, folglich ist der den Kraftlinien zur Verfügung stehende Querschnitt $Q_4 = 2 \cdot 80 = 160$ qcm.

11. $B = \frac{N}{Q_4} = \frac{2520000}{160} = 15750$, hierfür ist $\mu_4 = 394$ und $H_4 = 40$.

12. Die mittlere Kraftlinienlänge in dem Gestell ist

$$l_4 = 2 + 20 + 40 + 20 + 2 = 84 \text{ cm}.$$

Nun kann man die Amperewindungszahl berechnen, nämlich

$$ZJ = \frac{6 \cdot 25 + 8025 \cdot 2 + 5 \cdot 17 + 40 \cdot 84}{1,256} = \frac{19645}{1,256} = 15641$$

Amperewindungen.

Nimmt man an, daß ein Strom von 30 Amp. durch die Windungen fließen soll, so sind rd. 521 Wicklungen anzuordnen.

Wie schon angegeben, werden Magnete zum Tragen großer Lasten benutzt. Die Konstruktion ist in Fig. 93 dargestellt. Die Tragfähigkeit hängt von der Zahl der Kraftlinien ab, welche von den Polen ausgehen.

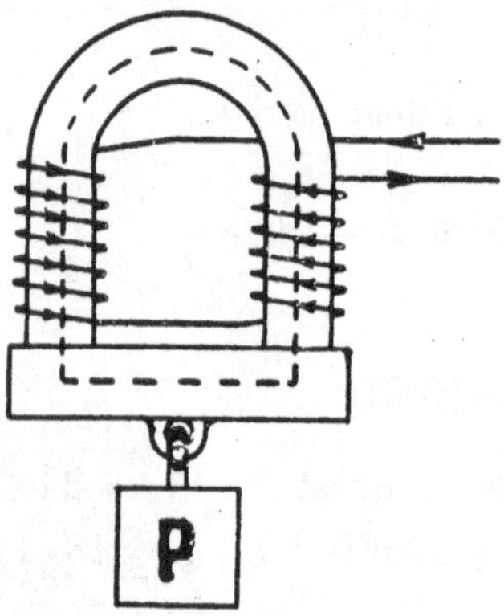

Fig. 93.

Als Anker dient weiches Schmiedeeisen, welches leicht magnetisch wird, so zwar, daß vor dem Nordpol ein Südpol und vor dem Südpol ein Nordpol entsteht. Der Kraftlinienfluß ist in der Figur punktiert dargestellt, er geht vom Nordpol durch die Windungen zum Südpol, die mittlere Länge L wird bei Berechnung der Feldstärke aus den Amperewindungen in Rechnung gestellt. Sobald der Anker an den Polen anliegt, gehen die Kraftlinien durch ihn hindurch, wobei sie nur geringen Widerstand finden.

Die Tragfähigkeit P eines Elektromagneten ergibt sich aus folgender Formel

$$P = \frac{B^2 \cdot Q \cdot 2}{25,12}.$$

Hierin ist B die Induktion, Q der Querschnitt des Magneten und 25,2 = 8 · 3,14 eine Konstante.

Aus vorstehender Formel ergibt sich P in Dynen. 981 Dynen sind = 1 g, 981000 Dynen = 1000 g = 1 kg. Man erhält demnach aus der Formel den Tragwert in kg, indem man den errechneten Wert durch 981000 dividiert.

Ein Magnet von 10 qcm Querschnitt werde durch eine bestimmte Zahl von Amperewindungen so erregt, daß seine Induktion B = 12000 ist. Es soll berechnet werden, wieviel Kilogramm der Magnet tragen kann.

$$P = \frac{B^2 \cdot Q \cdot 2}{25{,}12 \cdot 981000} = \frac{12000 \cdot 12000 \cdot 10 \cdot 2}{25{,}12 \cdot 981000} = 118.$$

Der Magnet kann demnach eine Last von 118 kg tragen.

Wenn der Anker nicht vor den Polen liegt, so müssen die Kraftlinien den Weg durch die Luft nehmen, wodurch die Zahl der Kraftlinien erheblich verkleinert wird. Ist z. B. der Widerstand viermal so groß, so erhält man nur $^1/_4$ der Kraftlinien. Die Induktion ist dann nur $\frac{B}{4}$.

Es ergibt sich dann $P = \frac{\left(\frac{B}{4}\right)^2 \cdot Q \cdot 2}{25{,}12} = \frac{B^2 \cdot Q \cdot 2}{16 \cdot 25{,}12}$,

d. i. die Tragkraft sinkt auf den 16. Teil herab.

Es ist schon erwähnt, daß der elektrische Strom auf einen Magneten Einfluß hat. Wenn man z. B. (Fig. 94) über eine Magnetnadel einen stromdurchflossenen Leiter führt, so wird die Magnetnadel aus ihrer ursprünglichen Lage abgelenkt. Die Ablenkung erfolgt nach der Ampereschen Schwimmregel:

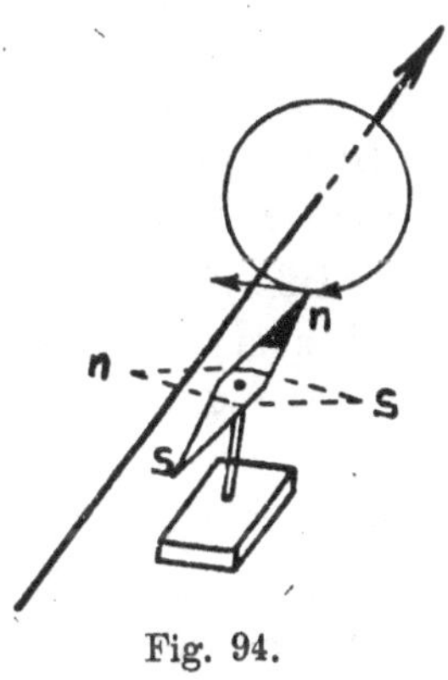

Fig. 94.

Man denke sich in dem Leiter so schwimmend, daß man das Gesicht der Nadel zuwendet, so hat man den Nordpol stets zur Linken, den Südpol zur Rechten.

Man kann auch nach der bekannten Daumenregel die Polarität eines Magneten bestimmen:

Legt man die rechte Hand, mit der Innenseite der Nadel zugewendet, in die Stromrichtung, so wird der Nordpol in der Richtung des ausgestreckten Daumen abgelenkt.

Bei stromdurchflossenen Spulen verfährt man nach Fig. 95. Man streckt die rechte Hand über den Windungen in der Richtung ab aus, in welcher der Strom fließt, streckt den Daumen in Richtung ac, dann liegt der Nordpol in Verlängerung der Linie a c.

Auf dieser Tatsache beruht die Konstruktion der Galvanoskope. Die Stärke des Stromes wird durch die Größe des Ausschlages der Nadel bestimmt.

Wenn man vermeiden will, daß die Nadel sich in die Nordsüdrichtung einstellt, so nimmt man zwei Magnetnadeln von möglichst gleichem magnetischen Moment und befestigt sie durch vertikale Stäbchen parallel übereinander, wobei der Nordpol der oberen Nadel über dem Südpol der unteren liegt, so daß der Magnetismus aufgehoben wird. Derartige Nadeln nehmen keine bestimmte Richtung an, man nennt sie astatische Nadeln.

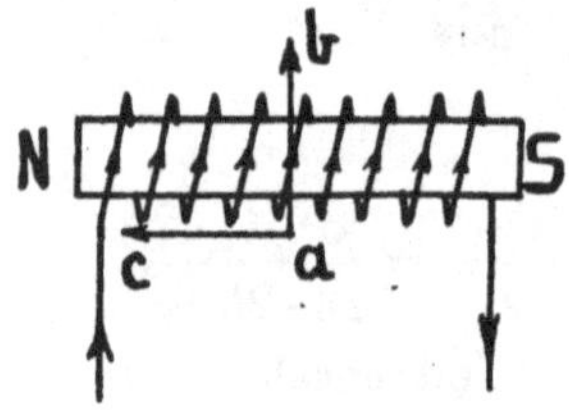

Fig. 95.

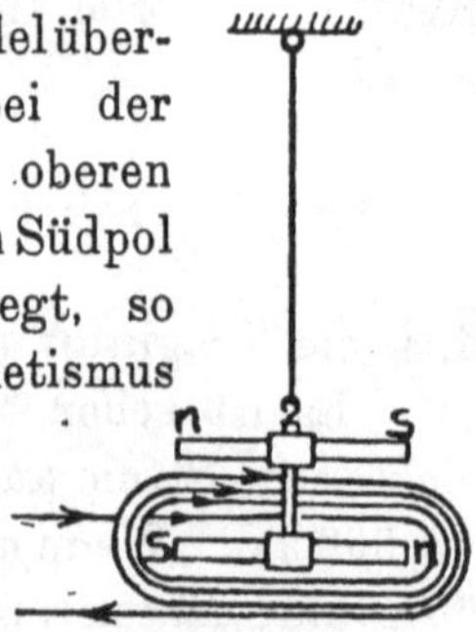

Fig. 96.

Diese Nadeln werden in sogenannten Multiplikatoren gebraucht, das sind Solenoide nach Art der Fig. 96. Der Draht umgibt die Nadel in mehreren Windungen, so daß die eine Nadel über, die andere unter dem Drahte hängt.

Mit diesen Multiplikatoren kann man sehr schwache Ströme messen.

Wenn wir durch einen beweglich aufgehängten Draht Strom senden und ihn in ein magnetisches Feld bringen, wie es Fig 97 zeigt, so wird er von den Kraftlinien nach der Richtung ab bewegt, wobei die Kraftlinien die Richtung ac haben. Die Bewegung ist beeinflußt von der Richtung der Kraftlinien; wird die Stromrichtung umgekehrt, so wird sich der Draht in die Verlängerung der Linie ba einstellen.

Würde man die Pole umkehren und die Stromrichtung, so würde die Bewegung in Richtung ab erfolgen.

Den Verlauf der Kraftlinien bei diesem Versuch stellt die Fig. 98 dar. Dieselben strömen nach dem Draht hin, umhüllen ihn und ziehen ihn in der Pfeilrichtung fort.

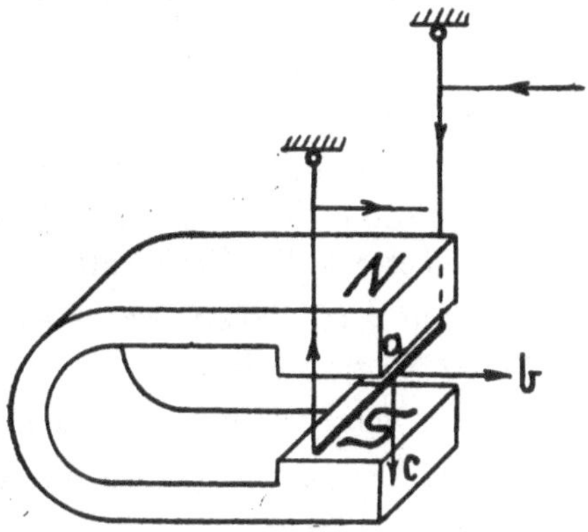

Fig. 97.

Um sofort bestimmen zu können, wie sich ein Leiter bewegen wird, wenn die Richtung der Kraftlinien und des Stromes bekannt sind, merke man sich die Fingerregel (Fig. 99).

Man hält den Zeigefinger der linken Hand in der Richtung der Kraftlinien, den Mittelfinger in der Richtung des Stromes, so wird der Leiter in der Richtung des Daumen fortbewegt.

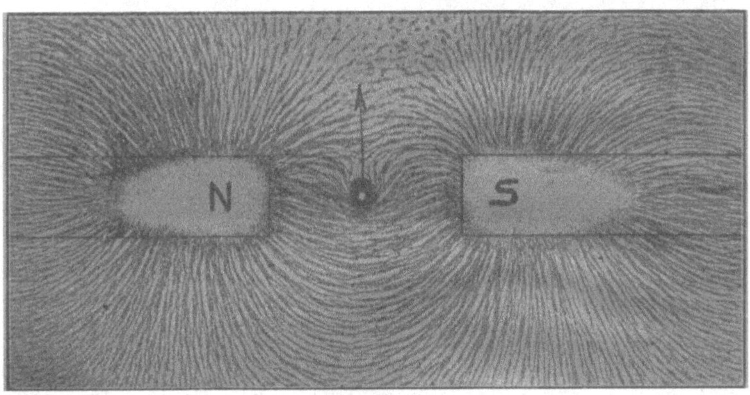

Fig. 98.

Man behält die Reihenfolge leicht, wenn man sich merkt, daß die Worte: Bewegung, Kraftlinien, Strom, welche dem Alphabet nach folgen, von dem Daumen an ausgehend, der Reihe der Finger nach aufzuzählen sind.

Die Kraft, mit welcher die Drehung des Drahtes bewirkt wird, hängt ab von

der Kraftlinienzahl, in welcher der Draht sich befindet. Die Kraftlinienzahl ist von der Länge des Leiters und den Kraftlinien abhängig, welche auf 1 qcm vom Nordpol zum Südpol gehen,

der Stromstärke, welche den Leiter durchfließt.

Je stärker das Feld und je größer die Stromstärke, um so größer ist die Drehkraft.

Es sei P die Kraft, gemessen in Dynen, mit welcher der Leiter bewegt wird,

B die magnetische Induktion,

L die Länge des Leiters in cm,

J die Stromstärke in Amp.,

dann ist
$$P = \frac{L \cdot B \cdot J}{10}.$$

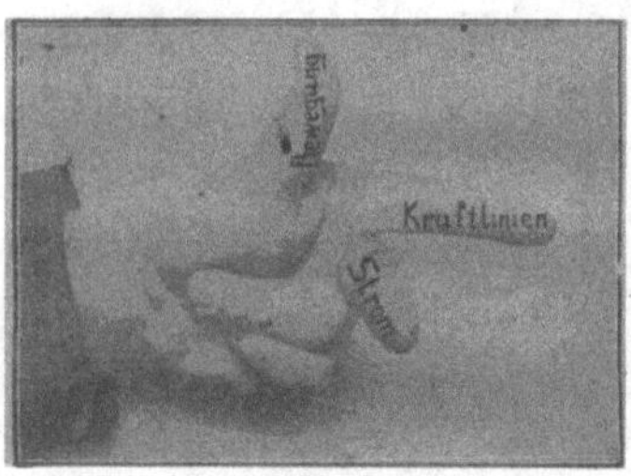

Fig. 99.

Will man P in Kilogramm berechnen, so muß man den vorstehenden Wert durch 981000 dividieren,

$$P_{kg} = \frac{LBJ}{9810000}.$$

Hat man z Drähte, welche in derselben Richtung vom Strom durchflossen werden, so erhält man

$$P_{kg} = \frac{LBJ\ z}{9810000}.$$

Durch einen Draht (Fig. 100) gehe ein Strom von 10 Amp., er befinde sich in einer Entfernung von 1 m vor dem Nordpol, aus welchem auf 1 qcm 10000 Kraftlinien austreten. Es soll festgestellt werden, wie sich der Leiter bewegt und welche Kraft auf ihn ausgeübt wird.

Nach der Fingerregel wird die Bewegung des Leiters nach oben, in Richtung ab, erfolgen.

Es ist $$P_{kg} = \frac{LBJ}{9810000} = \frac{100 \cdot 10000 \cdot 10}{9810000}.$$

$$P_{kg} = \frac{1000}{981} = 1{,}019 \text{ kg}.$$

Bringt man einen Leiter so an, wie es Figur 101 zeigt, so daß das eine Ende in einer Quecksilberrinne läuft, und

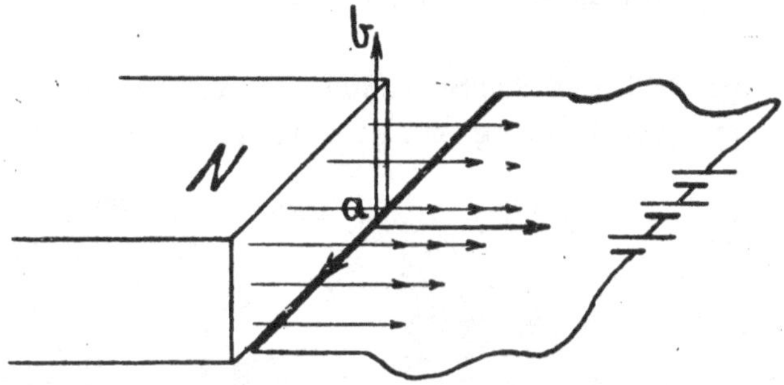

Fig. 100.

das andere in einer mit Quecksilber gefüllten Vertiefung b besteht, so wird sich der durch das Gewicht G im Gleichgewicht gehaltene Draht beim Stromdurchgang in der Richtung des Pfeiles drehen.

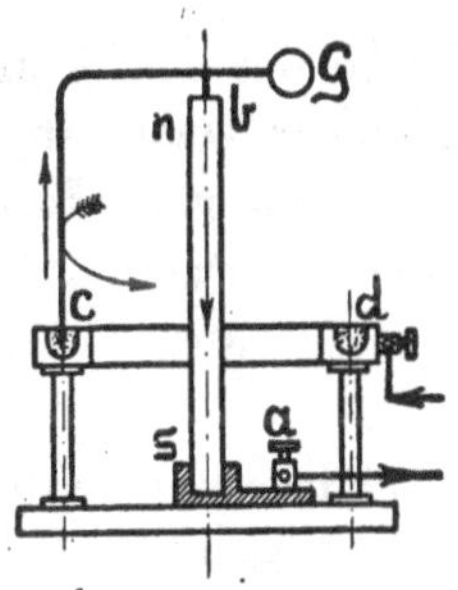

Fig. 101.

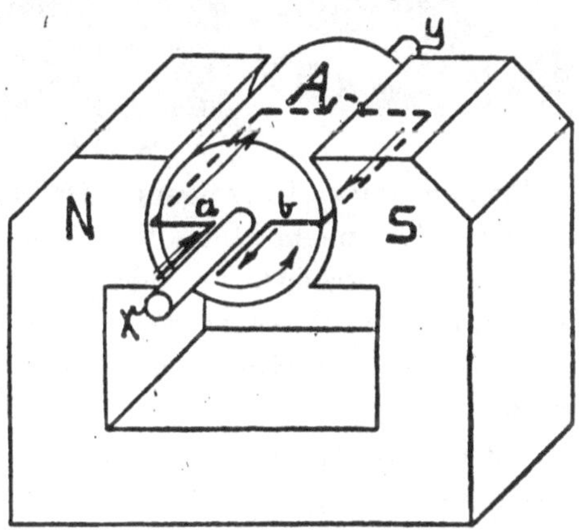

Fig. 102.

Diese Erscheinung findet Verwendung bei den Motoren, wie sie in Figur 102 schematisch dargestellt ist. N und S sind zwei Magnetpole, A ist ein auf einer Achse drehbarer Anker, welcher die Kraftlinien möglichst vom Norpol zum

Südpol leitet. Um den Anker A ist eine Drahtwicklung gelegt, durch welche Strom gesandt wird. Die Stromrichtung ist durch Pfeile angedeutet. Wird durch die Windung in der Weise Strom gesandt, daß dieser bei a eintritt und bei b austritt, so wird nach der Fingerregel der Anker sich in Richtung des Pfeiles drehen. Je mehr Windungen auf dem Anker angebracht sind, um so stärker wird die Drehung erfolgen.

Figur 103 gibt das Schaubild der Kraftlinien bei einer Wicklung. Die Drehung erfolgt entgegengesetzt dem Sinne

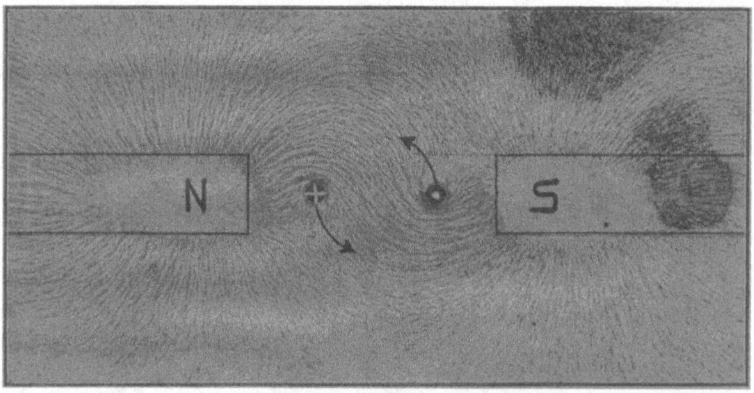

Fig 103.

der Drehung eines Uhrzeigers. Da die Größe der Drehkraft bei gleichbleibendem Magnetismus und gleicher Drahtlänge nur von der Stromstärke abhängig ist, so kann man diese Erscheinung zur Messung von Stromstärken benutzen. Die Konstruktion der Drehspulinstrumente beruht auf diesem Prinzip.

Wenn ein Magnet auf einen stromdurchflossenen Leiter bestimmte Einwirkungen hat, und wenn wir wissen, daß ein stromdurchflossener Leiter magnetische Wirkungen ausübt, so wird anzunehmen sein, daß auch zwei stromdurchflossene Drähte aufeinander Wirkungen ausüben müssen.

Wir hängen (Fig. 104) einen Leiter beweglich auf und bringen einen anderen in seine Nähe. Beim Stromdurchgang sehen wir, daß parallele Leiter sich anziehen, wenn sie in gleicher Richtung von Strom durchflossen werden, sie stoßen sich aber ab, wenn in ihnen in entgegengesetzter Richtung Strom fließt. Hieraus ergibt sich folgendes Gesetz:

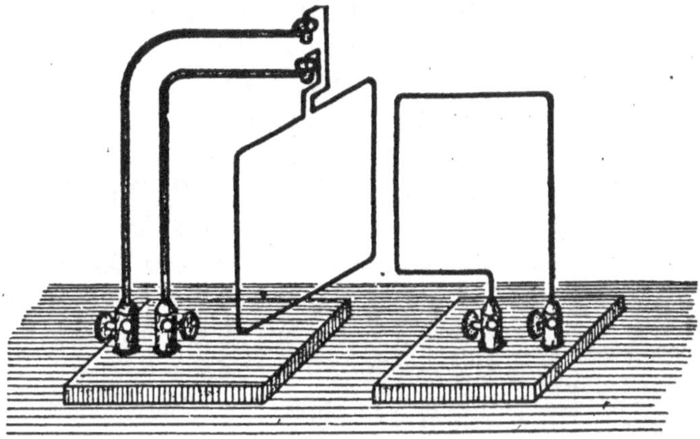

Fig. 104.

Zwei parallele, gleichgerichtete Ströme ziehen sich an, zwei parallele, entgegengesetzt gerichtete Ströme stoßen sich ab.

Es werden nun nicht immer stromführende Leiter parallel geführt, dieselben können sich vielmehr unter einem Winkel kreuzen. Diesen Fall zeigt Figur 105, wo sich zwei Leiter in dem Punkte o kreuzen. Sind in ihnen die Ströme so gerichtet, daß sie in beiden Leitern nach dem Punkte o hinfließen oder beide von ihm fortfließen, so ziehen die Leiter sich an, bis sie parallel gerichtet sind (Fig. 105a). Wenn die Ströme in den Leitern aber so gerichtet sind, daß sie in dem einen Leiter nach o fließen, in dem anderen aber

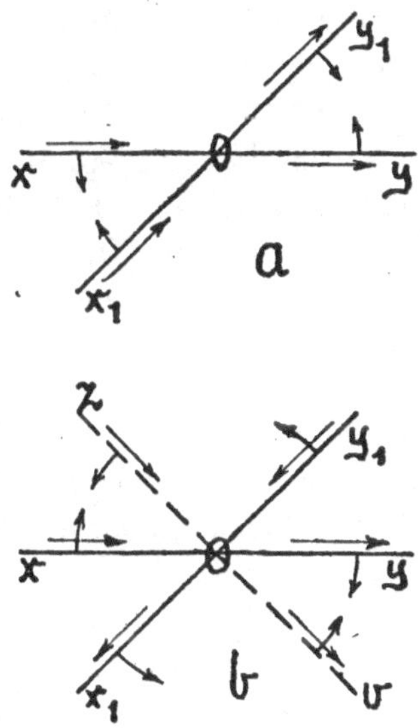

Fig. 105.

fort, so stoßen sie sich ab, $x_1 y_1$ kommt in die Lage zv, worauf sich die Leiter anziehen (Fig. 105b). Hieraus ergibt sich das Gesetz:

Gekreuzte Ströme stellen sich so ein, daß sie parallel und in gleicher Richtung fließen.

Die Größe der elektrodynamischen Kraft hängt von ihrer Lage zueinander, von ihrer Entfernung und von der Stärke der sie durchfließenden Ströme ab.

Die elektrodynamische Kraft findet ihre Anwendung bei den Elektrodynamometern, wie es Fig. 106 darstellt. Eine bewegliche Spule S ist an einem dünnen Faden aufgehängt und schwebt zwischen zwei festen Spulen S_1 und S_2, welche für verschiedene Stromstärken bestimmt sind. Der Strom fließt durch eine dieser beiden Spulen und die bewegliche Spule S. Durch einen Umschalter U kann der Strom von der einen festen Spule in die andere umgeschaltet werden. Die Enden der beweglichen Spule S tauchen in mit Quecksilber gefüllte Näpfe Q_1 und Q_2, zu deren einer der (Q_2) Strom von a gelangt, um dann die Spule S zu durchfließen. Durch eine Spiralfeder f wird der Drehkraft das Gleichgewicht gehalten. Bei Umkehr des Stromes bleibt Größe und Richtung der Drehung ebenso groß wie vorher. Diese Apparate können daher auch für Wechselstrom benutzt werden.

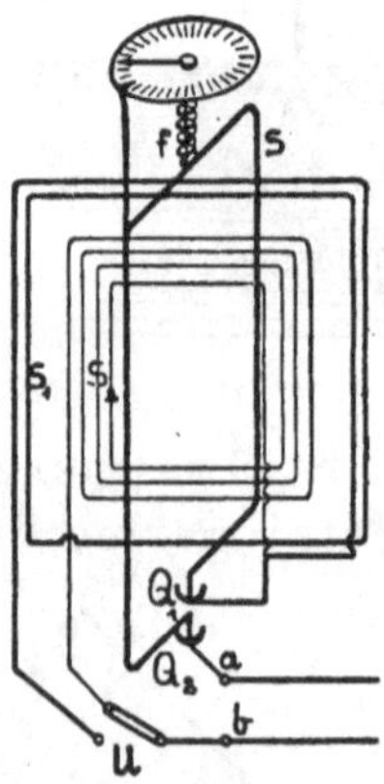

Fig. 106.

Wir sahen, daß der Magnetismus Bewegung mittels elektrischer Ströme erzeugt, ebenso ist es denkbar, daß Magnetismus mittels Bewegung elektrische Ströme erzeugt. Diese Induktionsströme wurden im Jahre 1830 von Faraday entdeckt.

Wird ein mit einem Galvanoskop verbundener Leiter c e an einem Nordpol (Fig. 107) vorbeibewegt, so schneidet der Leiter, wie wir wissen, die Kraftlinien. Das Galvanoskop schlägt aus, entsprechend der Stärke der Kraftlinien. Bewegt man den Leiter in entgegengesetzter Richtung, so beobachtet man gleichfalls einen Ausschlag, aber in entgegengesetzter Richtung. Bei einer Bewegung des Leiters parallel zu den Kraftlinien erfolgt kein Ausschlag, da ja der Leiter nicht von Kraftlinien geschnitten wird.

Es ist festgestellt, daß der Ausschlag des Galvanoskops von der Stärke des Stromes abhängt, hiermit von der Zahl der Kraftlinien und ferner von der Geschwindigkeit, mit welcher der Leiter durch die Kraftlinien bewegt wird.

Der Magnet in Fig. 107 habe eine Zahl von 1000000 Kraftlinien, welche in einer Sekunde von dem Leiter durchschnitten werden. Wird die Geschwindigkeit so gesteigert, daß sämtliche Kraftlinien schon in einer halben Sekunde geschnitten werden, so erhalten wir in einer Sekunde 2000000 Kraftlinienschnitte.

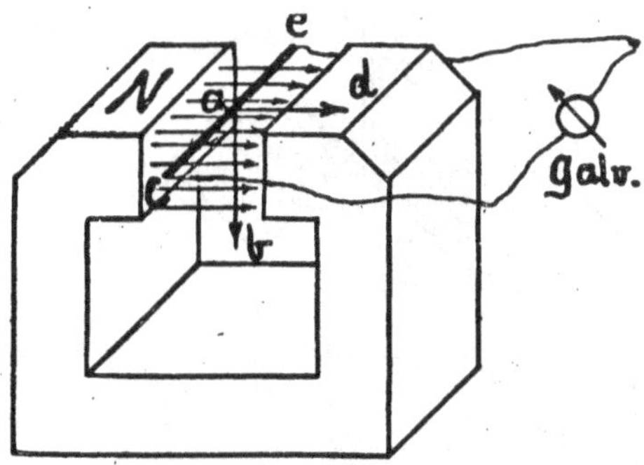

Fig. 107.

Um diese Werte zu messen, wird das Volt als Maßstab benutzt, es ist gleich 100000000 absoluten Einheiten der elektromotorischen Kraft. Die vorhin erhaltenen Werte müssen durch 100000000 geteilt werden, um den Spannungsunterschied in Volt zu erhalten.

Eine wesentliche Verbesserung in der Erzeugung von Induktionsströmen erhält man, wenn man mehrere Drähte in das Feld bringt, welche hintereinander geschaltet werden. Figur 108 zeigt eine derartige Anordnung. Der Stromfluß muß so sein, wie er dargestellt ist. Erfolgt die Schaltung nach Fig. 109, so treffen die Ströme bei a und b aufeinander und heben sich auf.

Es sei N die Zahl der Kraftlinien,

z die Zahl der wirksamen Drähte,

t die Zeit in Sekunden, in der die Kraftlinien geschnitten werden.

E die elektromotorische Kraft in Volt,
so erhält man die Formel

$$E = \frac{z \cdot N}{100000000 \cdot t}.$$

Es werden 100 Drähte, welche hintereinander geschaltet sind, in 0,10 sec durch 6000000 Kraftlinien geführt. Es soll die elektromotorische Kraft berechnet werden.

$$E = \frac{z \cdot N}{100000000 \cdot t} = \frac{100 \cdot 6000000}{100000000 \cdot 0,1} = \frac{600000000}{10000000} = 60 \text{ Volt}.$$

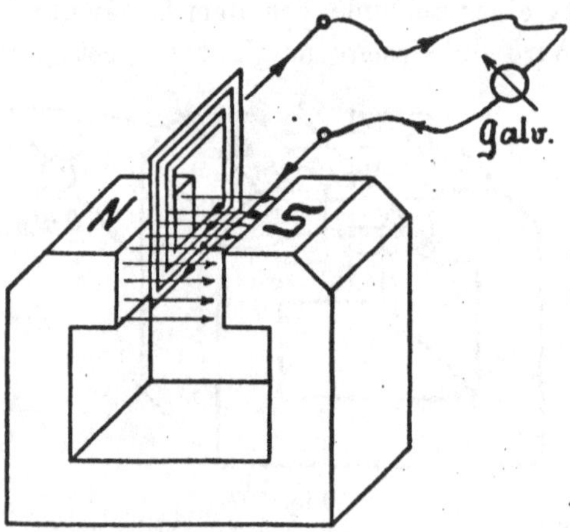

Fig. 108.

Auch hier gibt es eine Fingerregel, bei welcher man sich im Gegensatz zu der Regel für die Bewegungsrichtung eines stromdurchflossenen Leiters, der rechten Hand bedient.

Man hält den Zeigefinger der rechten Hand (Fig. 110) in der Richtung der Kraftlinien (vom Nordpol zum Südpol), den Daumen in der Richtung der Bewegung, dann wirkt die elektromotorische Kraft in der Richtung des rechtwinklig zu den beiden Fingern stehenden Mittelfingers. Betrachtet man an Hand dieser Regel die Fig. 107, so hat die elektromotorische Kraft die Richtung ac, der Strom fließt von c durch die Leitung zum Galvanometer und von dort über e zurück.

Das Magnetfeld hat stets das Bestreben, den stromführenden Draht so zu drehen, wie es die Fingerregel mit der linken Hand ergibt. Es wird somit auf den Draht ce, sobald Strom durch ihn fließt, eine Gegenkraft auf ihn ausgeübt, welche den Draht, entgegengesetzt der von außen auf ihn einwirkenden Kraft, in der Richtung ab fortzuziehen versucht. Um diese Gegenkraft aufzuheben, muß die von außen zugeführte Kraft stets größer sein als die Gegenkraft, wenn der Draht in der Richtung a b weiter die Kraftlinien schneiden soll.

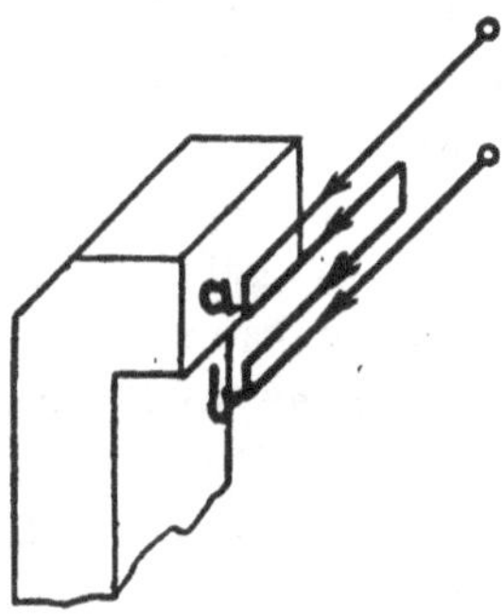

Fig. 109.

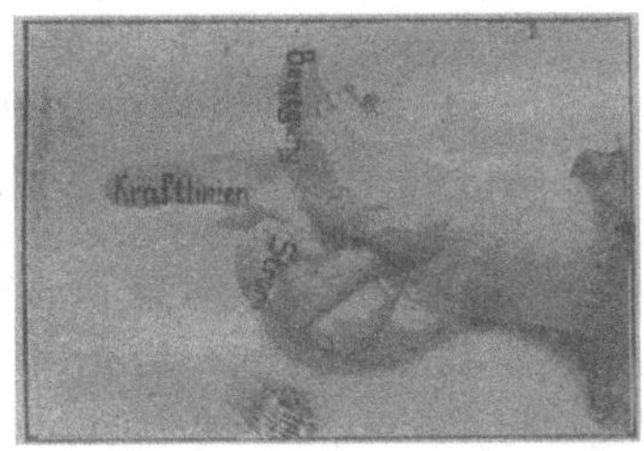

Fig. 110.

Die Kraft der Antriebsmaschinen muß zuerst dazu dienen, die in der Dynamo auftretende Gegenkraft zu überwinden. In Fig. 111 ist der Antrieb einer Dynamo dar-

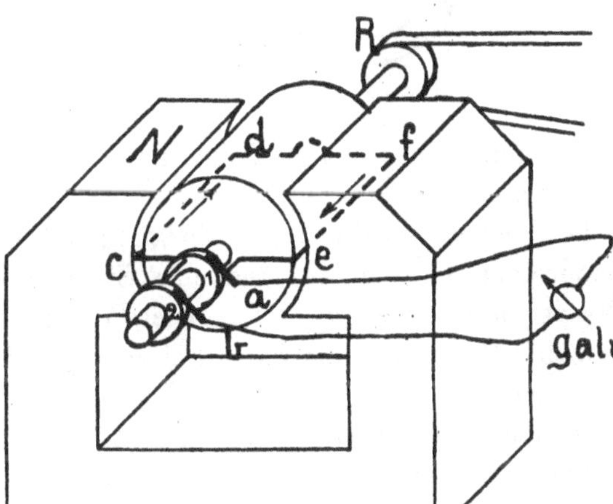

Fig. 111.

gestellt. Auf der Achse ist eine Riemenscheibe R befestigt, welche von einer Maschine angetrieben wird. Auf der Achse sitzt der Anker mit einem Drahtring, welcher sich mit dem Anker dreht. Die Drahtteile cd und ef schneiden bei der Drehung das Magnetfeld. Sobald sich der Anker im Sinne des Uhrzeigers dreht, ist die Richtung der elektromotorischen Kraft in dem Draht cd von c nach d, in dem anderen Drahtteil ef von f nach e gerichtet. Die Teile cd und fe liegen hintereinander. Die Enden des Drahtringes führen zu zwei Metallringen 1 und 2, welche sich gleichfalls mit der Achse drehen. Der Strom wird von diesen Schleifringen zu aufliegenden Bürsten a und b geführt, von welchen der Strom dann entnommen werden kann.

Der Unterschied zwischen einer Dynamo und einem Motor besteht lediglich darin, daß bei einer Dynamo sich bewegende Drähte durch ein magnetisches Feld geführt werden, wobei in den Drähten Strom erzeugt wird, während bei einem Motor von außen Strom in den Draht gesandt

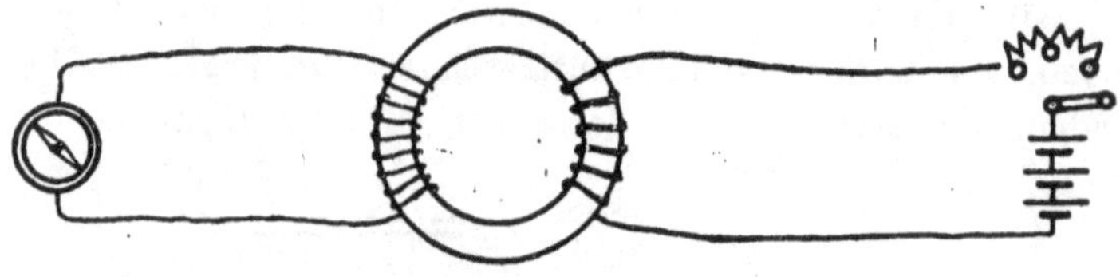

Fig. 112.

wird, welcher durch das magnetische Feld geht und Bewegung erzeugt.

Bei den bisher besprochenen Vorgängen mußte stets ein Schneiden der Kraftlinien und der Stromleiter stattfinden. Es ist aber auch möglich, durch Veränderung der Kraftlinienzahl allein innerhalb eines Leiterringes elektrische Ströme zu erzeugen.

Ein in sich geschlossener Ring (Fig. 112) aus weichem Eisen besitze zwei Wicklungen, deren eine an eine Kraftquelle, deren andere an ein Galvanoskop angeschlossen sei. Sobald der Stromkreis geschlossen wird, entstehen in dem Ringe Kraftlinien, welche im Innern verlaufen. Sie treten infolgedessen auch in die andere Wicklung ein und rufen hier einen Strom hervor. Das Galvanometer wird diesen Strom durch einen Ausschlag anzeigen. Sobald der Ausschlag erfolgt ist, geht die Nadel in ihre Ruhestellung zurück, auch dann, wenn der Stromkreis weiter geschlossen bleibt. Wird der Stromkreis jetzt geöffnet, so schlägt das Galvanoskop von neuem aus, aber dieses Mal nach der entgegengesetzten Richtung.

Wenn man die Kraftlinien vermehrt, so schlägt das Galvanoskop wieder aus, und zwar in derselben Richtung wie bei dem ersten Versuch. Wird jetzt die Kraftlinienzahl verringert, so entsteht ein neuer Ausschlag, und zwar nach der entgegengesetzten Seite.

Hier können wir ein Gesetz ableiten:

Jede Veränderung der Kraftlinienzahl innerhalb eines Stromkreises erzeugt an den Enden desselben eine elektromotorische Kraft, welche bei der Zunahme der Kraftlinien in dem einen, bei der Abnahme in dem anderen Sinne wirkt.

Die Größe der induzierten elektromotorischen Kraft ist abhängig

1. von der Größe der Veränderung der Kraftlinien,
2. von der Zahl der Stromkreise, welche hintereinander geschaltet sind, sie hängen bei einer Spule von der Zahl der Windungen ab,
3. von der Zeit, in welcher die Veränderung der Kraftlinienzahl erfolgt.

Es sei N_1 die Kraftlinienzahl vor der Veränderung,
N_2 „ „ nach „ „
Z die Zahl der hintereinander geschalteten Spulen,
t die Zeit der Veränderung in Sekunden,
E die elektromotorische Kraft in Volt,

dann ist

$$E = Z \frac{N_2 - N_1}{100000000 \cdot t}$$

Wir haben es hier mit Induktionselektrizität zu tun, sie ist diejenige Art von Elektrizität, welche in der Starkstromtechnik benutzt wird.

In dem Ringe (Fig. 112) sollen in $^1/_5$ sec 1000000 Kraftlinien auftreten, es soll berechnet werden, welche elektromotorische Kraft in einem Ringe von 200 Windungen auftritt.

$$E = Z \frac{N_2 - N_1}{100000000 \cdot t} = 200 \frac{1000000 - 0}{100000000 \cdot 0{,}20}$$

$$E = \frac{200000000}{20000000} = 10 \text{ Volt.}$$

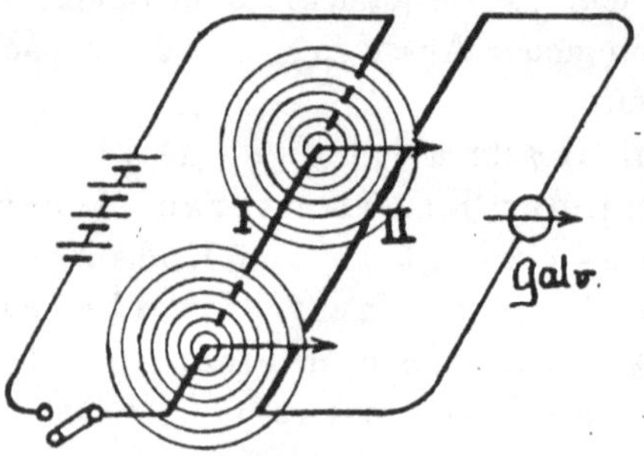

Fig. 113.

Wir haben gesehen, daß durch den elektrischen Strom magnetische Kraftlinien erzeugt werden. Ebenso werden auch elektrische Ströme in benachbarten Leitern Induktionsströme hervorrufen, welche in geschlossenen Leitern elektrische Ströme zur Folge haben werden. Diese durch elektrische Kraftlinien bewirkte Induktion nennt man Elektroinduktion im Gegensatz zu der vorher behandelten Magnetinduktion.

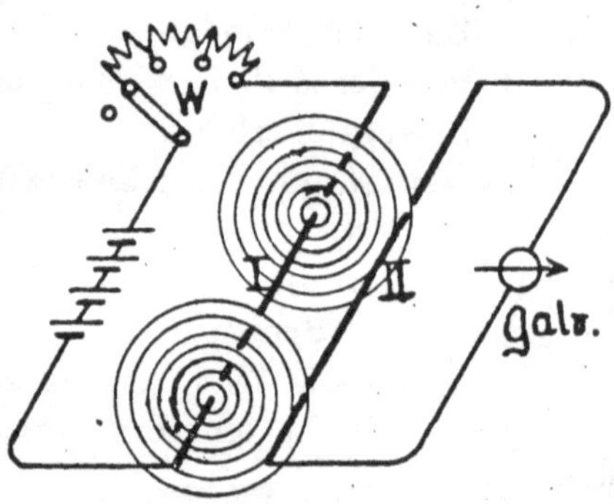

Fig. 114.

Die Gesetze der Elektroinduktion sind im Jahre 1831 von Faraday festgestellt.

Schließt man in einem Leiter I (Fig. 113) einen Stromkreis, so wird bei jedem Stromschluß in dem Leiter II ein Strom induziert. Die von I ausgehenden Kraftlinien schneiden II. Beim Öffnen des Stromes wird wieder ein Induktionsstrom erzeugt, welcher dem beim Schließen entgegengesetzt ist. Das in II eingebaute Galvanometer schlägt nach der entgegengesetzten Seite aus.

Schaltet man in den Leiter I einen Regulierwiderstand W ein (Fig. 114), so entsteht in II ein Strom, der bei zunehmender Stromstärke umgekehrt gerichtet ist wie bei abnehmender Stromstärke. Es kommen bei zunehmender Stromstärke zu den I umgebenden neue Kraftlinien hinzu, welche II schneiden, bei abnehmendem Strom kehren Kraftlinien zurück, welche II gleichfalls schneiden.

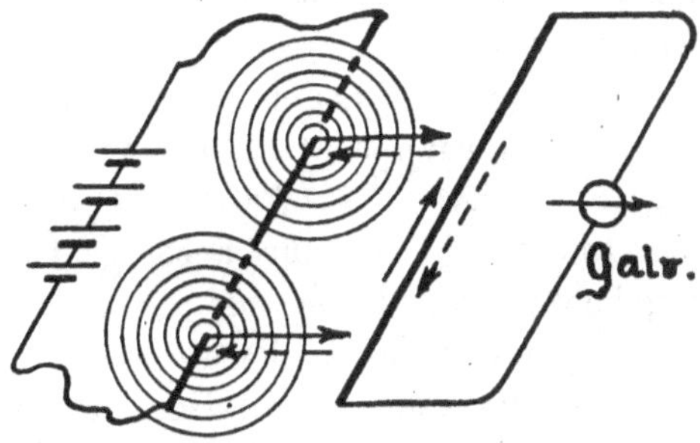

Fig. 115.

Nähert man einen stromdurchflossenen Leiter (Figur 115) einem geschlossenen Leiter, so entsteht in dem Leiter ein Strom, der entgegengesetzt verläuft, wie wenn der Leiter entfernt wird.

Will man größere elektromotorische Kräfte hervorrufen, so benutzt man Spulen mit zahlreichen Windungen, wie Fig. 116 zeigt. Die Spule A kann in das Innere der Spule B hineingeschoben werden. Die Spule A wird mit den Drähten m_1 und m_2 an eine Stromquelle gelegt. Die Spule B steht durch die Drähte n_1 und n_2 mit einem Galvanometer in Verbindung.

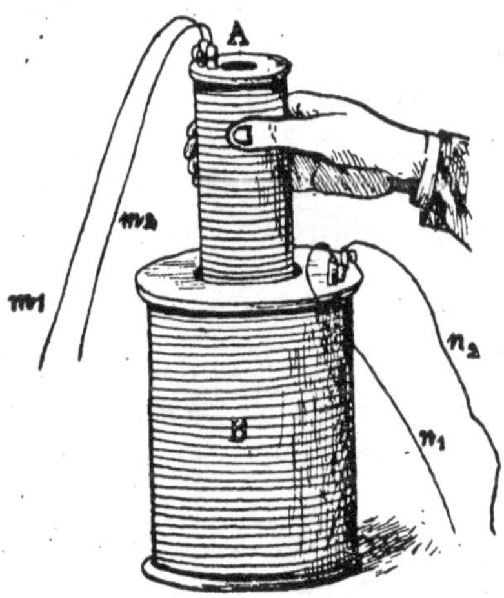

Fig. 116.

Die Spule A nennen wir die primäre oder induzierende, die Spule B die sekundäre oder induzierte Spule. Der in A fließende Strom heißt primärer oder induzierender, der in B sekundärer oder induzierter Strom.

Die Spulen A und B können auch (Fig. 117) nebeneinander angeordnet werden, sie müssen dann im Verhältnis zu ihrer Länge einen größeren Durchmesser erhalten.

Durch Einschiebung von Stäbchen aus weichem Eisen in das Innere der Spule erhalten wir eine Vermehrung der Kraftlinien, wodurch die sekundäre EMK erheblich verstärkt werden kann.

Verwendung findet diese Tatsache bei Transformatoren und Induktionsapparaten, bei denen die Spulen auf Eisenträgern sitzen. Man kann auf diese Weise niedrig gespannten Strom in sehr hoch gespannten umformen, und umgekehrt, was meist bei Transformatoren der Fall ist, hochgespannten Strom heruntertransformieren.

Für die Elektroinduktion gelten folgende Gesetze:

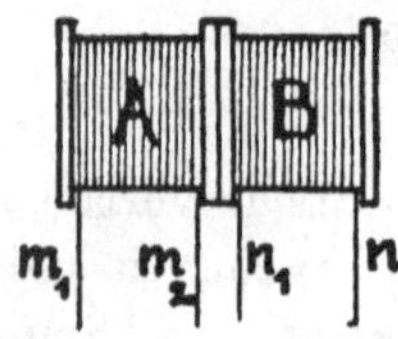

Fig. 117.

1. W i r d   i n   e i n e m   S t r o m k r e i s   e i n   S t r o m   g e s c h l o s s e n ,   v e r s t ä r k t   o d e r   g e n ä h e r t ,   s o   e n t s t e h t   i n   e i n e m   N a c h b a r k r e i s e   e i n   k u r z z e i t i g e r   I n d u k t i o n s s t r o m ,   w e l c h e r   d e m   i n d u z i e r e n d e n   S t r o m   e n t g e g e n g e r i c h t e t   i s t .

2. W i r d   i n   e i n e m   S t r o m k r e i s   e i n   S t r o m   g e ö f f n e t ,   g e s c h w ä c h t   o d e r   e n t f e r n t ,   s o   e n t s t e h t   i n   e i n e m   N a c h b a r k r e i s e   e i n   k u r z z e i t i g e r   I n d u k t i o n s s t r o m ,   w e l c h e r   m i t   d e m   i n d u z i e r e n d e n   S t r o m e   g l e i c h g e r i c h t e t   i s t .

Nähert man einen stromdurchflossenen Leiter I (Fig. 115) einem Kreise II, so entsteht in II ein dem induzierenden Strome entgegengerichteter Strom. Da sich entgegengesetzte Ströme abstoßen, wird II auf I eine Gegenwirkung ausüben, welche I forttreiben will.

Entfernt man I, so wird in II ein gleichgerichteter Strom induziert. Da sich gleichgerichtete Ströme anziehen, wird II versuchen, I anzuziehen.

Diese Feststellungen sind in dem Lenzschen Gesetz ausgedrückt:

B e i   j e d e r   B e w e g u n g   e i n e s   M a g n e t e n   o d e r   e i n e s   e l e k t r i s c h e n   S t r o m e s   e n t s t e h t   i n   e i n e m   N a c h b a r -

stromkreis ein Induktionsstrom, welcher so gerichtet ist, daß er der von außen erfolgenden Bewegung entgegenwirkt.

Nimmt man an Stelle der beiden getrennten Drähte I und II (Fig. 113) einen Spiraldraht (Fig. 118) und sendet durch denselben einen Strom, so strömen von Ring I Kraftlinien aus, welche II berühren und in ihm Induktionsströme bewirken. II erhält so einen Strom von entgegengesetzter Richtung, der dem durchfließenden Strom Widerstand bietet und ihn dadurch schwächt. In gleicher Weise wirkt II auf I induzierend und schwächt in I den Strom.

Erhält die Spirale eine große Zahl von Windungen (Fig. 119), welche eng beieinander liegen, so wirken die Windungen schwächend aufeinanderein, jede Windung erzeugt in den Nachbarwindungen eine Gegenkraft gegen den durchfließenden Strom.

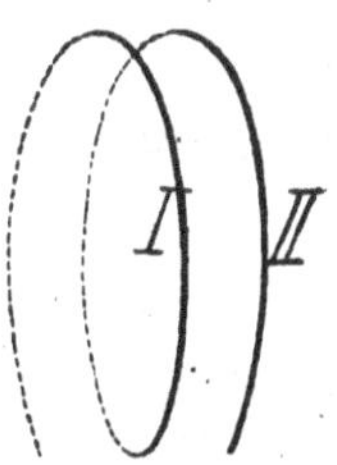

Fig. 118.

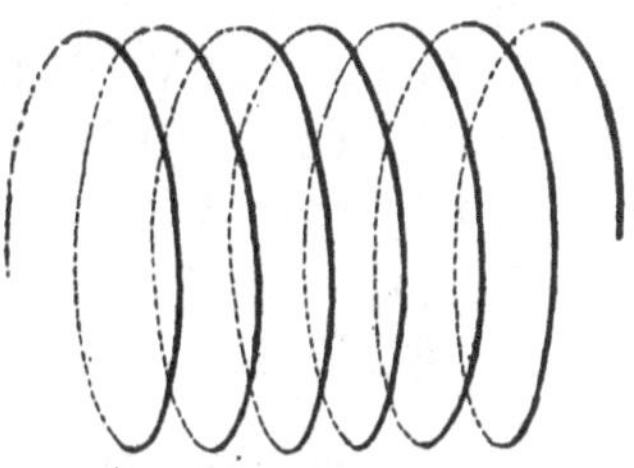
Fig. 119.

Diese Erscheinung nennt man Selbstinduktion, den so erzeugten Strom Extrastrom. Dieser Extrastrom verhindert bei derartigen Spulen, daß beim Stromdurchgang der Strom sofort voll durchgeht, er steigt erst allmählich an, entsprechend der Abnahme der auftretenden elektromotorischen Gegenkräfte.

Wird der Strom unterbrochen oder verringert, so tritt gleichfalls Selbstinduktion auf. Die elektromotorische Gegenkraft hat dann dieselbe Richtung wie die den Draht durchfließende, sie verstärkt somit den durchfließenden Strom. Ferner wirkt die elektromotorische Gegenkraft nur beim Stromschluß oder beim Öffnen. In der Zwischenzeit ist sie nicht vorhanden.

Bei Wechselstrom haben diese Erscheinungen der Selbstinduktion für alle Maschinen und Apparate eine große

Bedeutung. Bei Gleichstrom ist es nötig, zur Erzielung von dauernden Induktionsströmen die Öffnung und Unterbrechung durch besondere Vorrichtungen auszuführen.

Beim Unterbrechen des Stromes treten hohe Extraspannungen auf, welche durch einen Funken sichtbar werden. Diese Funken können wir beim Ausschalten jedes Schalters beobachten.

Die Größe der elektromotorischen Kraft (EMK) hängt von der Geschwindigkeit ab, mit welcher die Stromstärke zu- oder abnimmt, ferner von dem Koeffizienten der Selbstinduktion der Leitung. Das Selbstpotential ist abhängig von der Zahl der Spulen, dem Querschnitt und der größeren oder kleineren Entfernung der Spulen voneinander.

Eine Spule, welche so gewickelt ist, daß in ihr in einer Sekunde eine Veränderung der Stromstärke von 1 Amp. eine EMK der Selbstinduktion von 1 Volt erzeugt, hat ein Selbstpotential von 1 Henry.

Es gilt die Formel

$$\text{EMK des Extrastromes} = \text{Selbstpotential} \cdot \frac{\text{veränderter Amperezahl}}{\text{sec}}$$

$$1 \text{ Volt} = 1 \text{ Henry} \cdot \frac{1 \text{ Amp.}}{1 \text{ sec}}.$$

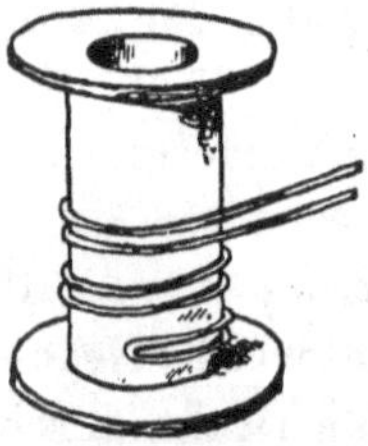

Fig. 120.

Mit einem Millihenry wird der tausendste Teil eines Henry bezeichnet.

Will man eine Spule haben, welche induktionsfrei ist, so muß sie bifilar gewickelt werden. Der Draht wird in der Mitte umgebogen (Fig. 120), so daß jetzt Hin- und Rückleitung nebeneinander liegen. Eine Beeinflussung des einen auf den anderen Draht kann nicht mehr eintreten. Die Spule ist somit induktionsfrei.

Drosselspulen dienen dazu, den Extrastrom sehr groß zu machen, um so das plötzliche Auftreten einer zu hohen Stromstärke in einer Leitung zu verhüten. Sie erhalten in ihrem Innern einen Kern aus weichem Eisen, welcher die Induktion sehr erhöht.

Wirbelströme entstehen in größeren Metallmassen, wenn sie in einem magnetischen oder elektrischen Felde bewegt werden.

In Fig. 121 ist das Auftreten von Wirbelströmen schematisch dargestellt. An einem Pendel ist unten eine starke Kupferplatte befestigt, welche zwischen den Polen eines Elektromagneten hin und her bewegt wird, wodurch infolge der auftretenden Induktion elektromotorische Kräfte hervorgerufen werden, welche von a nach b gehen. Sie erzeugen wirbelförmige Ströme, welche in Richtung der Pfeile verlaufen.

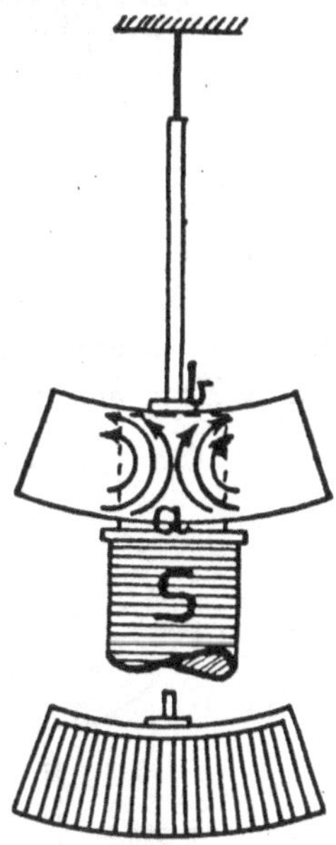

Fig. 121.

Wird die Kupferplatte bei geöffnetem Stromkreis in Bewegung gesetzt, so pendelt sie zwischen den Polen hin und her. Bei Stromschluß kommt jedoch infolge der auftretenden Wirbelströme die Kupferplatte schnell zum Stillstand.

Will man das Auftreten von Wirbelströmen vermeiden, so muß die Kupferplatte aus dünnen Plättchen hergestellt werden, welche gegeneinander durch Papier, Preßspäne oder dgl. isoliert werden. Durch diese Isolierung ist das Auftreten von Wirbelströmen verhindert. Das Pendel aus derartig gegeneinander isolierten Plättchen wird jetzt bei Stromschluß nicht zum Stillstand gebracht; Fig. 121 zeigt unten eine derartige Platte.

Bei Dynamos und Motoren ist das Auftreten von Wirbelströmen und der infolge dadurch auftretenden Wärmeentwicklung, welche einen Energieverlust darstellt, durch die Isolierung der Scheiben gegeneinander zu verhindern.

Fig. 122 stellt einen Anker dar, welcher gegeneinander isolierte Eisenscheiben S hat. Die auf der Welle mit einem

Keil befestigte Buchse H hat an dem einen Ende eine Scheibe 1, an dem anderen Ende befindet sich eine lose Scheibe 2. Nachdem die Platten auf die Buchse aufgeschoben und gegeneinander isoliert sind, wird die Scheibe 2 aufgesetzt und durch eine Mutter und Gegenmutter festgepreßt.

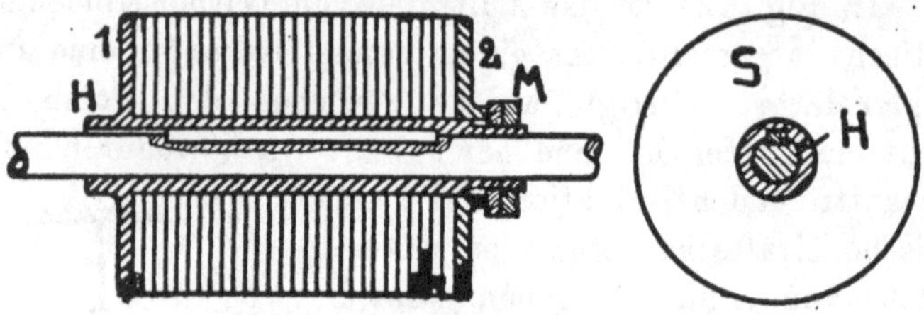

Fig. 122.

Dreht man zwischen den Polen eines permanenten Magneten (Fig. 123) eine Metallscheibe, so werden in dieser Wirbelströme induziert, welche die Scheibe zum Stehen bringen, sobald die drehende Kraft unterbrochen wird. Diese Erscheinung wird bei Zählern und Meßinstrumenten angeordnet, um die Zeigervorrichtung zum Stehen zu bringen, sobald kein Strom entnommen wird.

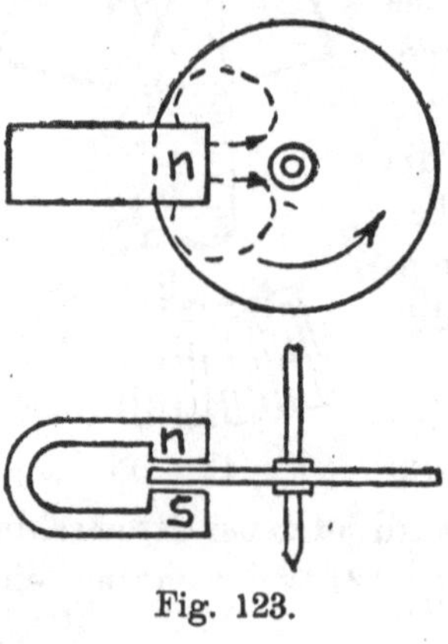

Fig. 123.

Unter Benutzung der Induktion sind Apparate gebaut, welche in der Technik eine große Rolle spielen, die Induktionsapparate.

Die Induktionsapparate besitzen zwei Spulen, welche ineinander liegen, eine primäre, welche aus wenigen dicken Windungen besteht, und eine sekundäre, welche viele dünne Windungen hat.

Die Spulen haben in ihrem Innern einen Weicheisenkern, welcher aus isolierten Eisendrähtchen hergestellt ist.

Die Zahl der Windungen der sekundären Spule ist um so größer, je höher die induzierte elektromotorische Kraft werden soll. Es werden heute Induktionsapparate hergestellt, welche primär wenige, sekundär aber mehrere hunderttausend Volt haben.

Die Anordnung eines Induktionsapparates zeigt Fig. 124. Die Batterie wird bei 1 und 2 mit einem Kommutator verbunden, welcher eine durch einen Hebel d drehbare Hartgummiwalze hat, auf der bei a und b Metallwinkel sitzen. Der eine Winkel ist dauernd mit 1, der andere in leitender Verbindung mit 2. In der Figur ist 1 in Verbindung mit a und 3, 2 mit b und 4. Der Strom fließt jetzt von 1 nach 3, 5, e, f, 6 zur Primärspule, durch diese nach 4, b, 2 zur Batterie zurück. Dreht man d um 180°, so fließt der Strom von 1 nach a, 4, durch die Primärspule in umgekehrter

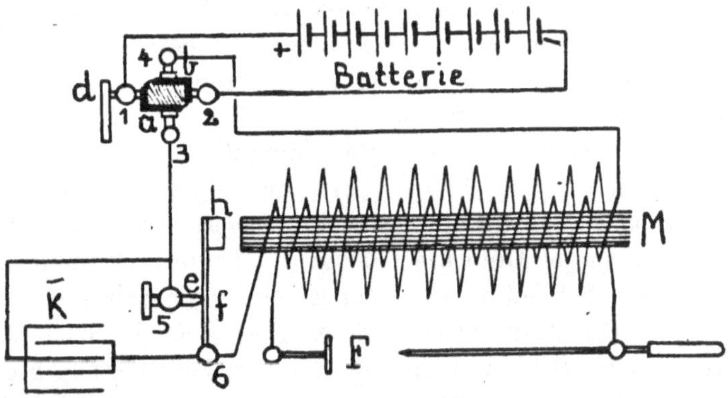

Fig. 124.

Richtung nach 6, f, e, 5, 3, b und 2 zur Batterie zurück. Zwischen 5 und 6 ist ein Unterbrecher eingebaut, welcher aus einer Feder f besteht, die in 6 befestigt ist. Sie trägt an dem freien Ende eine Weicheisenplatte h, welche einem Eisenkern M gegenüber liegt.

Der Stift e ist durch eine Schraube verstellbar, seine Spitze berührt die Feder f. Um ein Verbrennen der Berührungsstellen durch die Öffnungsfunken zu verhindern, hat e eine Platinspitze und f an der Berührungsstelle ein Platinplättchen.

Bei Stromschluß entsteht in der Sekundärspule ein Induktionsstrom, dessen Spannung von der Zahl der Windungen im Vergleich zu der der Primärspule abhängig ist. An der Unterbrechungsstelle F springen jetzt Funken über. Je größer die EMK ist, um so größer kann die Luftstrecke bei F sein. Die Schlagweite ist abhängig von der sekundären EMK, sie ist die Entfernung, bei der noch Funken überschlagen. Nach Untersuchungen von Klingelfuß in Basel ergeben sich folgende Beziehungen.

Schlagweite in cm (Funkenlänge)	10	20	30	40	50	60	70	80	90	100
Spannung in 1000 Volt	89	133	178	222	266	300	387	473	618	800

Beim Stromschluß wird der Kern M magnetisch und zieht den Hammer h an. Sofort wird der Strom bei e und f unterbrochen, wodurch in der sekundären Spule ein hochgespannter Strom induziert wird, welcher die sekundäre Spule in umgekehrter Richtung durchfließt. M wird unmagnetisch und läßt h los. Im selben Augenblick wird bei e und f der Strom wieder geschlossen. Dieses Spiel wiederholt sich, solange der Unterbrecher von der Batterie Strom erhält.

Beim Schließen und Öffnen des Primärstromes tritt jedesmal ein Extrastrom auf, welcher dem induzierenden Strome beim Schließen entgegengesetzt, beim Öffnen gleich gerichtet ist. Die Sekundärspannung ist somit bei Öffnung größer als beim Schließen.

Für die Wirkung des Apparates sind die bei der Öffnung auftretenden sekundären Ströme von Bedeutung, sie fließen bei gleicher Richtung des Primärstromes stets in gleicher Richtung. Um einen guten Übergang in der Funkenstrecke zu erzielen, wird der positive Pol als Spitze, der negative als Scheibe hergestellt, damit sich der Funke von der Spitze nach der Scheibe gut ausbreiten kann.

Die sekundäre elektromotorische Kraft ist abhängig von:
1. der primären Stromstärke,
2. der Zahl der Windungen der Sekundärspule im Verhältnis zu der Zahl der Windungen der Primärspule.
3. der Anzahl der Unterbrechungen in einer Sekunde.

Um die Zahl der Unterbrechungen in einer Sekunde möglichst groß zu gestalten, sind die verschiedensten Konstruktionen hergestellt. Wir haben mechanische und elektrolytische Unterbrecher, welche heute benutzt werden.

Der älteste mechanische Unterbrecher ist der **Wagnersche Hammer** (Fig. 125). Der Strom fließt von a nach b, c, s, nach d, e, zum Elektromagneten E, welcher den Anker A anzieht, wodurch eine Unterbrechung zwischen c und s eintritt. Von E′ fließt der Strom über f zur Stromquelle zurück.

Dieser Unterbrecher bewirkt nur eine ganz geringe Zahl von Unterbrechungen in einer Sekunde.

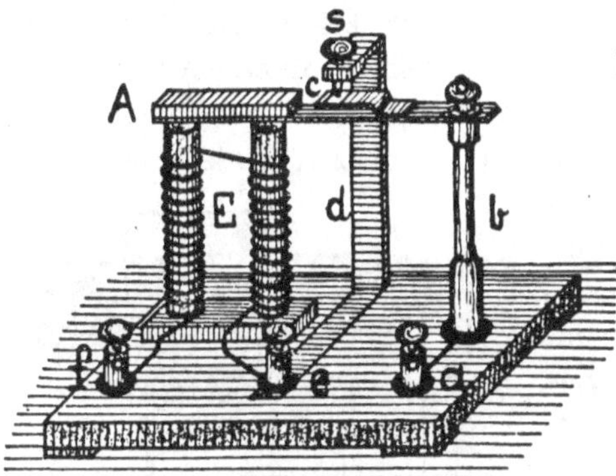

Fig. 125.

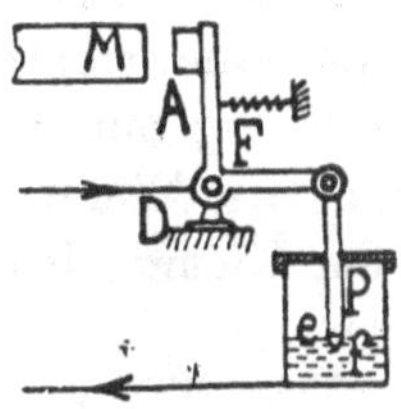

Fig. 126.

Ähnlich ist die Konstruktion der **Quecksilberunterbrecher** (Fig. 126). Um einen Drehpunkt D ist ein Winkelhebel drehbar angeordnet, welcher an dem einen Schenkel einen einem Elektromagneten M gegenüberliegenden Anker A trägt, an dem anderen Schenkel einen Stift P, welcher mit seinem Ende e in Quecksilber f eintaucht. Der Strom fließt über D, P, e, f zur primären Spule, wodurch M magnetisch wird und A anzieht. P wird jetzt aus dem Quecksilber herausgezogen, so daß der Strom unterbrochen wird. M wird wieder magnetisch, F zieht A zurück, P taucht in das Quecksilber, wodurch wieder Stromschluß erfolgt. Jetzt beginnt das Spiel von neuem.

Die Bewegung des Stiftes wird zumeist durch einen kleinen Motor ausgeführt (Fig. 127). Von dem Motor läuft über die Riemenscheibe ein Riemen R, welcher die Scheibe S dreht. An S ist exzentrisch eine Kurbelstange angebracht, welche den Stift P auf und nieder bewegt.

Die Motorunterbrecher erzielen ungefähr 40 Unterbrechungen in einer Sekunde.

Die besten mechanischen Unterbrecher sind die Turbinenunterbrecher, welche eine Unterbrechungszahl von 10 bis rund 1000 leisten (Fig. 128).

Auf einer Hartgummischeibe J ist ein Metallring D angebracht, auf welchem eine Welle W sitzt. Unten trägt die Hartgummischeibe eine Achse V, welche ein Zahnrad R trägt, das in ein zweites, in der Figur nicht sichtbares Zahnrad eingreift. Die Zahnräder sitzen in einem Gehäuse H, welches unten bei O eine Öffnung hat. Seitlich ist an H ein Steigrohr T befestigt, das am oberen Ende eine Öffnung besitzt. Die Klemme A hat eine elektrische Verbindung mit dem Gehäuse H, die Welle W ist mit der Klemme B leitend verbunden.

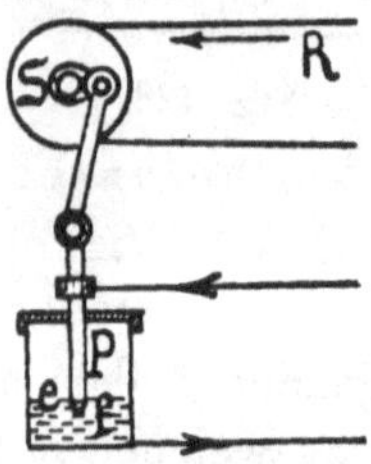

Fig. 127.

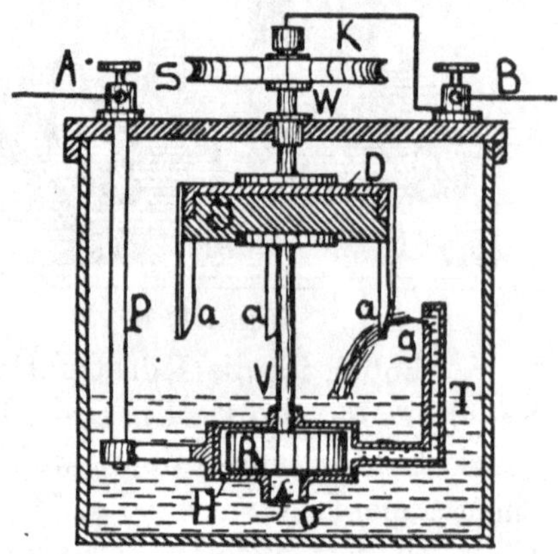

Fig. 128.

Die gesamten Teile sind an einem Deckel aus Isoliermaterial befestigt, der auf einem Glasgefäß sitzt, das so weit mit Quecksilber gefüllt ist, daß H bedeckt ist.

Die Riemenscheibe S wird von einem Motor angetrieben, wodurch die Wellen W und V, die Scheibe J und D, und das Gehäuse H in Umdrehung versetzt werden.

In das Gehäuse dringt durch die Öffnung O Quecksilber ein, welches durch die Zahnräder in das Steigrohr T hineingetrieben wird, um durch die Öffnung g herausgepreßt zu werden. Der Metallring D trägt messerähnliche Metallstreifen a, gegen welche das Quecksilber spritzt, wodurch jedesmal ein Stromschluß bewirkt wird. Tritt der Quecksilberstrom in eine Lücke zwischen zwei Messern, so findet eine Stromunterbrechung statt.

Der Stromkreis ist folgender: A, P, H, Quecksilber, g, a, D, W, K, B. Von hier aus fließt der Strom zu der Primärspule des Induktionsapparates und von dort zur Stromquelle zurück.

Um die Wirkung der Induktionsapparate noch zu verstärken, werden Kondensatoren eingebaut (Fig. 124). Ein Kondensator besteht aus zwei oder mehreren aufeinanderliegenden Flächen, welche durch einen Isolator, das Dielektrikum, getrennt sind. Als Dielektrikum dienen Paraffin, Glas, Glimmer usw.

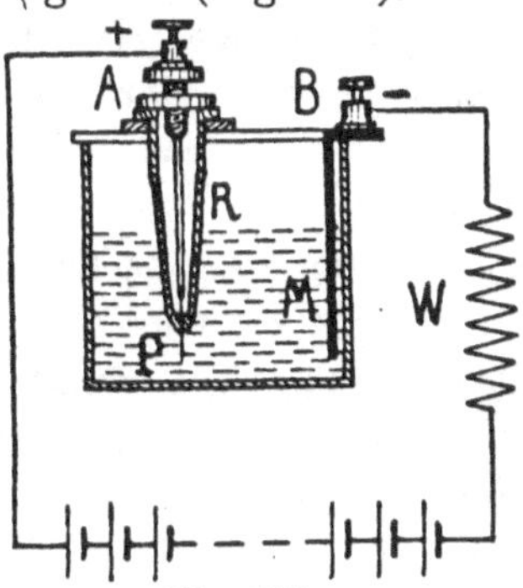

Fig. 129.

Im Augenblick der Stromunterbrechung entsteht ein Öffnungsextrastrom, dessen hohe Spannung in einem Funken zwischen e und f sichtbar wird (Fig. 124). Infolge nimmt der Primärstrom nicht plötzlich, sondern erst nach und nach auf Null ab.

Bei hohen Unterbrechungszahlen entsteht eine hohe sekundäre Spannung, so daß der Funke sehr gedämpft werden muß. Um dies zu erzielen, wird zwischen 5 und 6 ein Kondensator geschaltet, der bei jeder Öffnung geladen wird.

Außer den eben besprochenen mechanischen Unterbrechern werden elektrolytische Unterbrecher benutzt, von denen in Fig. 129 der Wehnelt-Unterbrecher dargestellt ist. Er beruht auf der chemischen und Wärmewirkung des elektrischen Stromes.

In ein Gefäß, welches mit verdünnter Schwefelsäure gefüllt ist, tauchen zwei Elektroden A und B. Die Elektrode A trägt unten an einem Bleidraht eine Platinspitze P, welche aus der Porzellanröhre R 0,5—1,5 cm herausragt. B trägt eine Bleiplatte M, welche in die Schwefelsäure eintaucht.

Wird nun A an den Pluspol einer Stromquelle von mindestens 30 Volt angeschlossen, B an die Primärspule eines Induktionsapparates, und von da aus an den Minuspol der Stromquelle, so gelangt der Strom in der Flüssigkeit von P nach M.

Um P bildet sich jetzt durch Elektrolyse eine isolierende Hülle aus Sauerstoff und Wasserstoff, so daß der Strom unterbrochen wird.

In dieser Gashülle bildet sich jetzt mit einem Knall der Öffnungsfunke und bringt die Gashülle zum Springen. Die Gase steigen in Blasen nach oben. Die Schwefelsäure kann jetzt wieder die Spitze P berühren, wodurch der Stromkreis erneut geschlossen wird. Es bildet sich wieder eine Gashülle, welche den Strom unterbricht, worauf eine Zerstörung der Gashülle durch den Öffnungsfunken erfolgt. Jetzt tritt erneut Stromschluß ein, und das Spiel wiederholt sich, solange der Strom geschlossen ist.

In einer Sekunde treten 20 bis 2000 Unterbrechungen ein. Infolge der hohen Unterbrechungszahl sind die Wehnelt-Unterbrecher für den Betrieb von Induktionsapparaten sehr geeignet. Sie können mit großer Stromstärke, welche durch die drehbare Spitze P reguliert werden kann, und mit hoher Primärspannung betrieben werden.

Da die Flüssigkeit durch die große Wärmeentwicklung sehr warm wird, müssen die Gefäße sehr groß sein, damit die Flüssigkeitsmenge groß sein kann. Ferner empfiehlt sich künstliche Kühlung der Gefäßwandungen.

In den Stromkreis darf bei Benutzung eines Wehnelt-Unterbrechers kein Kondensator eingebaut werden, da er die notwendigen Öffnungsfunken verhindern würde.

Steht Wechselstrom zur Verfügung, so benutzt man zur Erzeugung der hohen Spannung einen Transformator.

Ein Kondensator einfachster Art ist die Franklinsche Tafel (Fig. 130). Die Belegung A aus Stanniol ist auf jeder Seite der Glasplatte a angebracht, so daß ein außenstehender

Abstand von dem Rande bleibt. Wird die Belegung e (Fig. 130 B) mit Plus-Elektrizität geladen, so wirkt sie auf die Belegung i auf der anderen Seite influenzierend ein, die Plus-Elektrizität fließt zur Erde ab, so daß i negativ geladen bleibt. Die beiden entgegengesetzten Elektrizitäten haben das Bestreben, sich gegenseitig anzuziehen. Diese Anziehung erfolgt mit einem Durchbruch der Scheibe a, wenn diese nicht stark genug ist.

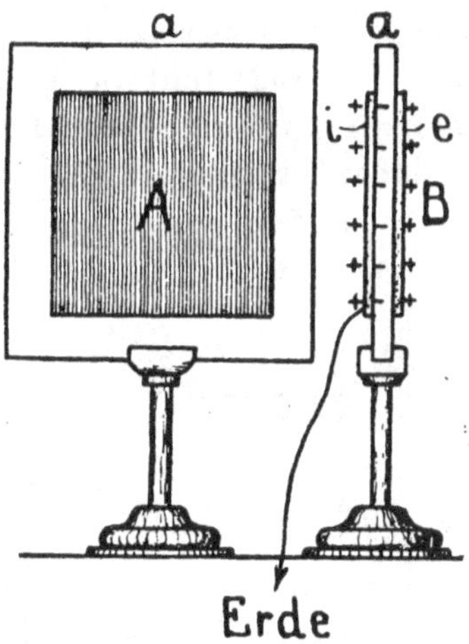

Fig. 130.

Genügt die Stärke der Scheibe a, so können die auf e und i lagernden Elektrizitätsmengen zu elektrischen Leistungen benutzt werden.

In der Praxis werden Kondensatoren benutzt, welche aus Stanniolblättern bestehen, welche durch ein besonders präpariertes Papier gegeneinander isoliert werden.

Fig. 131 zeigt die Anordnung, nach welcher zwei Gruppen A und B hergestellt werden.

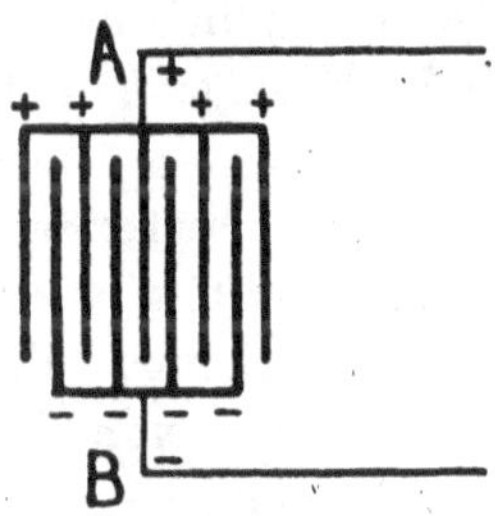

Fig. 131.

Die fertige Batterie wird in Kästen aus Holz, Pappmaché oder dgl. gesetzt, jede Gruppe erhält nach außen eine Ableitung.

Damit diese Kondensatoren einwandfrei arbeiten, müssen die Metallflächen eines Kondensators gegeneinander eine hohe Isolation von wenigstens 50 Megohm haben. Je kleiner die Kapazität ist, um so besser muß die Isolation sein, da eine bestimmte Elektrizitätsmenge auf einem Körper eine um so höhere Spannung annimmt, je kleiner sein Fassungsvermögen ist.

Wird die Spannung zu hoch, so wird das Dielektrikum durchschlagen. Es muß deshalb die Durchschlagsfestigkeit dem Verwendungszwecke entsprechend gewählt werden.

In der Technik hat der Kondensator deshalb eine hohe Bedeutung, weil er dem Gleichstrom den Durchgang sperrt, Wechselstrom aber durchläßt, und zwar um so besser, je größer die Wechselzahl ist.

Fig. 132 stellt die Anordnung dar, welche die Kondensatorwirkung an einem Beispiel erläutern soll. In einen Zylinder Z wird ein Kolben hin und her bewegt, in dem Rohrsystem befinden sich zwei Wasserräder W_1 und W_2. In dem Kasten K sitzt eine elastische Membrane M, welche den Kasten in zwei Teile e und i teilt. Der Zylinder Z ist durch Röhren mit den Rädern W_1 und W_2 verbunden und mit dem Kasten K.

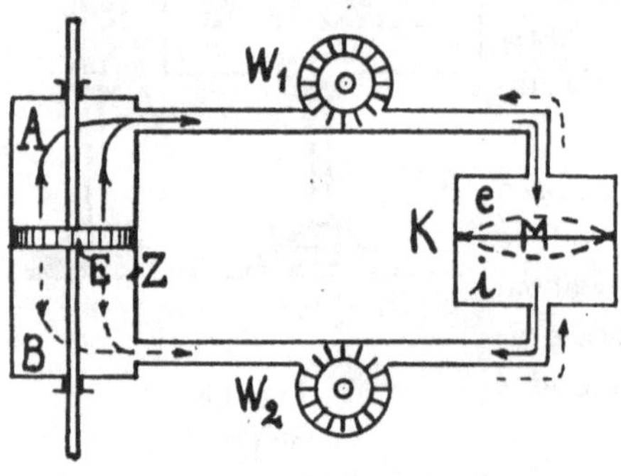

Fig. 132.

Wird der Apparat mit Wasser gefüllt, und wird E nach A hin bewegt, so fließt das Wasser zum Rade W_1, setzt es in Bewegung und fließt weiter nach K. Hier wird die Membrane e nach unten gedrückt, welche nun über i Wasser nach W_2 drückt. W_2 setzt sich in Bewegung und fördert das Wasser nach B.

Wir haben jetzt einen im Sinne des Uhrzeigers fließenden Wasserstrom. Während der Wasseransammlung in e wird die Membrane durchgebogen und gespannt. Sobald die Gegenspannung ebenso groß ist, wie der Druck von E, fließt das Wasser nicht mehr. W_1 und W_2 kommen zum Stillstand.

Läßt der Druck E in der Richtung A, W_1, K nach, so wird das Wasser aus e über W_1 gedrückt, wodurch W_1 in Drehung kommt. Das Wasser fließt dann weiter nach E, drückt nach W_2 und von dort nach i. Es ist jetzt ein entgegengesetzt gerichteter Strom aufgetreten, der anhält, bis die Spannung der Membrane ausgeglichen ist.

Bewegt sich E nach B, so fließt das Wasser über W_2 nach i, drückt die Membrane nach oben, wodurch Wasser aus e über W_1 nach A fließt. Wir erhalten jetzt einen Strom, der dem Drehsinn eines Uhrzeigers entgegengesetzt gerichtet ist, bis die Membranenspannung wieder ausgeglichen ist. Dann wird der Strom so lange abgesperrt, als der Druck in der Richtung B W_2 K W_1 A wirkt.

Nach Aufhören des Druckes wird durch die gespannte Membrane wieder Strom erzeugt, der im Sinne des Uhrzeigers nach e fließt, bis die Membrane wieder in die anfängliche Lage zurückgedrückt ist.

Wir leiten aus diesem Versuch folgende Beobachtungen ab:

a) Arbeitet der Druck der Pumpe nach einer Richtung, so fließt in der Anlage nur kurze Zeit Wasser, bis die Membrane eine Spannung erhält, die dem Kolbendruck gleich ist. Hierauf kommt das Fließen zum Stillstand.

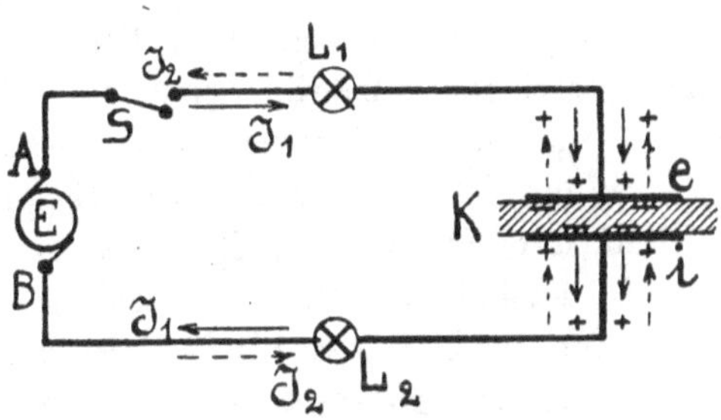

Fig. 133.

b) Arbeitet der Druck der Pumpe beständig hin und her, so fließt in der Anlage andauernd ein Strom, welcher seine Richtung wechselt.

Je schneller der Druck des Kolbens seine Richtung ändert, um so ununterbrochener treten die wechselnden Strömungen auf.

c) Jedem Kolbendruck eilt ein Wasserstrom in seiner Richtung voraus.

Übertragen wir dieses der Hydraulik entnommene Bild auf einen Kondensator. Eine Stromquelle E (Fig. 133) entsendet Strom über A nach dem Schalter S. L_1 und L_2

seien Glühlampen. Der Kondensator hat die Belegungen e und i.

Wird der Schalter S geschlossen, so fließt der Strom über L_1 nach e, wodurch die Belegung i geladen wird. Die Plus-Elektrizität treibt weiter über L_2 und B zur Stromquelle zurück.

In dem Stromkreise E A S L_1 K L_2 B E fließt ein kurzzeitiger Strom J_1 in der Pfeilrichtung.

Während der Ladung auf e entsteht dort eine Gegenspannung. Sobald sie ebenso groß ist wie die von E ausgehende Spannung, wird der Stromdurchgang durch K verriegelt, und zwar so lange, als die EMK von A in gleicher Richtung über S, L_1, K, wirksam ist, d. i. solange von E ein Gleichstrom fließt.

Sinkt die EMK von E auf Null, so wird durch die auf e angesammelte Spannung Elektrizität J_2 über L_1, E, L_2 nach i getrieben. Hierher gleichen sich die Plus-Elektrizität von e und die influenzierte Minus-Elektrizität von i aus.

Wenn jetzt die EMK von E ihre Richtung wechselt, so daß der Strom über B fließt, so fließt Elektrizität J_2 über L_2 nach i, influenziert Belegung e und treibt den Strom J_2 weiter nach L_1, B bis E, bis die auf i angesammelte Gegenspannung so groß ist, daß sie die von E kommende EMK ausgleicht. Jetzt wird der Stromfluß J_2 gesperrt.

Hört die EMK von B aus auf, so fließt ein Strom J_1 in entgegengesetzter Richtung A, L_1, K, L_2, B. Die Plus-Elektrizität auf i und die Minus-Elektrizität auf e gleichen sich jetzt aus.

In einer elektrischen Leitung, in welcher sich ein Kondensator befindet, wird ein Gleichstrom gesperrt.

Erzeugt eine Stromquelle in einer Leitung EMKe von abwechselnd entgegengesetzter Richtung, so fließen andauernd in der Leitung Ströme wechselnder Richtung, Wechselströme, welche um so besser auftreten, je schneller die EMKe ihre Richtung änderten.

Jeder EMK einer Stromquelle eilt ein Strom in ihrer Richtung voraus.

Atmosphärische Elektrizität, Blitz, Blitzableiter.

Die Forschungen haben ein ganz anderes Bild von der atmosphärischen Elektrizität gegen früher gegeben. Sie haben die Gewißheit gebracht, daß die Luft dauernd elektrisch geladen ist. Ferner wissen wir, daß das Potential der Luft, wenn das der Erde mit Null bezeichnet wird, meistens positiv ist, negativ nur bei staubhaltiger Luft, bei Niederschlägen und Gewitterneigung. Durch Messungen ist festgestellt, daß die Potentialdifferenz gleichmäßig zunimmt, und zwar für 1 m rund 100 Volt.

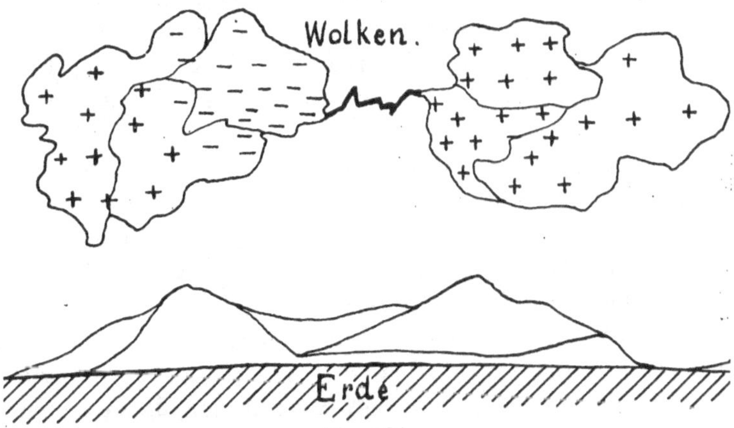

Fig. 134.

Die Dauer der Blitzentladungen ist zu $^1/_{1000}$ bis $^1/_{10}$ sec gemessen worden, die Stromstärke zu 10000—20000 Amp. Leider ist es dem Menschen nicht möglich, diese Energiemengen sich dienstbar zu machen.

Bei Gewitterneigung ballen sich schwere Wolken zusammen, in denen sich große Elektrizitätsmengen ansammeln und benachbarte Wolken (Fig. 134) oder die Erde (Fig. 135) laden. Entstehen zwischen zwei Punkten verschiedener Potentiale so hohe Spannungen, daß die trennende Luft einem Spannungsausgleich nicht mehr genügend Widerstand entgegensetzen kann, so erfolgt eine Entladung, entweder von Wolke zu Wolke (Fig. 134) oder von der Wolke zur Erde oder umgekehrt (Fig. 135).

Hat bei einer derartigen Entladung zur Erde der betreffende Punkt das Potential Null, so wird die Elektrizität, ohne Schaden zuzufügen, zur Erde abfließen. Andernfalls wird der Blitz Zerstörungen anrichten.

Bei einer Blitzableiteranlage muß daher darauf gesehen werden, daß die Anlage stets das Potential Null hat.

Franklin war es, der im Jahre 1760 den ersten Blitzableiter baute. Er wählte hohe Auffangestangen, meistens in geringer Zahl. Die Auffangstangen sind durch eine Leitung verbunden, welche zur Erde führt.

Melsens ging von den hohen Auffangstangen in geringer Zahl dazu über, mehrere aber niedrige Stangen anzubringen, und zwar an allen Erhöhungen, wie Schornsteinen, Dachreitern usw. Fahnenstangen werden gleichfalls in das System eingeschlossen.

Faraday hielt ein Gebäude für am besten geschützt, wenn es gewissermaßen mit einem Metallmantel umgeben wird, er wählte daher neben zahlreichen Auffangestangen mehrere Endleitungen, um ein schnelles und sicheres Abfließen des Stromes sicherzustellen.

Heute muß man eine Verbindung des Melsens'schen mit dem Faradayschen System für das richtigste halten. Die Theorie der Schutzkegel ist zu verwerfen, da sie keinerlei Begründung für sich hat.

Ebenso muß bei den heutigen Materialpreisen von der Verwendung von Kupfer abgesehen werden. Eisen muß an seine Stelle treten. Wenn auch die Leitfähigkeit des Eisens geringer als die des Kupfers ist, so besitzt Eisen einen höheren Schmelzpunkt als Kupfer. Eisen kann gegen die Einflüsse der Luft durch geeigneten Anstrich geschützt werden.

Da die abfließenden Ströme erheblich sind, muß der Querschnitt der Leitung bei Eisen auf 100 qmm für unverzweigte und auf 50 qmm für verzweigte Leitungen gewählt werden.

Wegen der Induktion sollte stets massives Eisen und nicht Seil verwendet werden.

Als Auffangstangen werden kurze massive Eisendrähte genommen, welche höchstens 1 m über den Schornstein oder dergl. hinwegragen. Das Anbringen von vergoldeten Spitzen oder Platinhütchen ist völlig zwecklos. Es wird sich heute schon allein wegen der hohen Kosten verbieten. Die Stangen werden an Ort und Stelle aus dem Material hergestellt, eine besondere Anfertigung erübrigt sich.

Sind Wetterfahnen, Fahnenstangen oder dergl. vorhanden, so gelten diese als Auffangstangen. Es ist unnütz, noch besondere Stangen aufzusetzen.

Unbedingt ist es nötig, jeden Giebel durch eine Stange zu schützen. Hohe Schornsteine haben meist oben eine

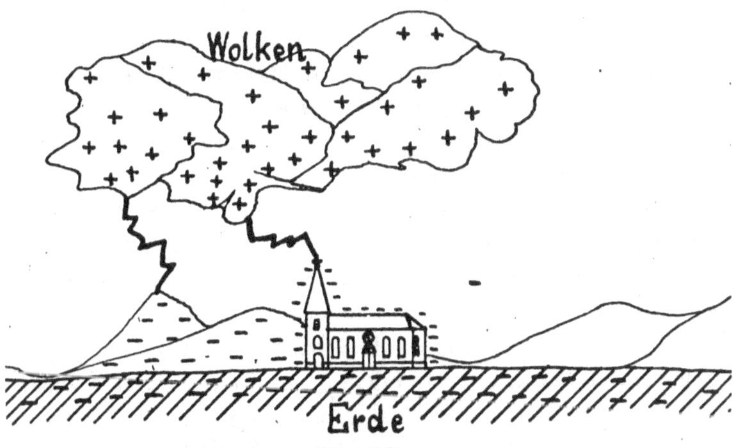

Fig. 135.

Platte aus Gußeisen, an welche unter Fortfall einer besonderen Auffangestange die Erdleitung angeschlossen wird.

In Fabriken haben wir oft eiserne Schornsteine. Bei ihrer Aufstellung muß darauf geachtet werden, daß die einzelnen Schüsse gut metallisch verbunden werden. Der unterste Schuß wird dann unmittelbar an Erde gelegt.

Auf Scheunen mit Pultdächern werden außer den Giebeln mehrere, über das Dach verteilte, höchstens 1 m lange Auffangstangen angebracht. An jedem Giebel wird dann eine Ableitung heruntergeführt. Die Auffangstangen müssen durch eine über das ganze Dach gehende Firstleitung miteinander verbunden werden.

Überhaupt ist stets darauf zu achten, daß alle Stangen und alle Erdleitungen miteinander verbunden sind. Ein Zerlegen in mehrere Schutzsysteme ist fehlerhaft.

Firstleitungen erhalten einen größeren Querschnitt (100 qmm bei Eisen) als die Ableitungen, für welche 50 qmm genügen, wenn mehrere vorhanden sind. Ist nur eine vorhanden, z. B. bei einem Fabrikschornstein, so muß sie 100 qmm Querschnitt erhalten. Die Leitungen werden in Stützen befestigt, wobei darauf zu achten ist, daß das Material sich bei Temperaturänderungen dehnen und zusammenziehen kann. Es sei noch bemerkt, daß Bandeisen ein gutes Material für Ableitungen ist.

Bei der Verlegung ist noch darauf zu achten, daß Krümmungen vermieden werden. Bei Gesimsen, welche weit ausladen, soll die Leitung durch das Gesimse und nicht um dasselbe geführt werden.

Beim Vorhandensein von eisernen Trägern, Säulen, Heizungen usw. werden oft schwere Fehler gemacht, indem diese nur an ihrem oberen Ende an den Blitzableiter angeschlossen werden. Es ist unbedingt erforderlich, auch eine Verbindung an dem untersten Ende anzubringen, um zu verhüten, daß Seitenentladungen entstehen. Jeder eiserne Teil muß parallel zur Blitzableiteranlage liegen, so daß an dem einen Ende in ihn eintretende Entladungen an dem andern Ende wieder abfließen können. Ebenso sollen Dachrinnen an das System angeschlossen werden. Die einzelnen Stöße müssen gut leitend miteinander verbunden werden, ebenso bei metallenen Dächern.

Eiserne Dachkonstruktionen müssen an den Verbindungsstellen gleichfalls gut leitend verbunden werden, damit an diesen Stellen keine unnötigen Widerstände entstehen können.

Erdleitungen müssen gleichfalls starke Querschnitte (Eisen 100 qmm) erhalten, damit sie nicht zu schnell in der Erdfeuchtigkeit zerstört werden.

In die Erde werden Netze, Platten, Röhren, Schienen, Stäbe u. dergl. verlegt, an welche die Erdleitungen angenietet werden.

Erfolgt die Verlegung des Erdkörpers in Wasser, so darf er nicht unmittelbar in demselben liegen, da reines Wasser ein schlechter Leiter ist. Am besten ist es, den Körper in feuchte Erde zu verlegen. Bei sandigem Boden muß der Körper tiefer verlegt werden, als wenn man guten Humusboden hat. Ist der Boden sehr trocken, so empfiehlt es sich, um den Körper eine Koks- oder Lehmschüttung zu stampfen.

Um eine Untersuchung der Anlage vornehmen zu können, müssen die Erdleitungen abtrennbar sein. Die Zahl der Trennvorrichtungen bestimmt sich nach der Formel

$$T = E - 1,$$

worin T die Anzahl der Trennstellen, E die Zahl der Erdleitungen bedeutet. Anschlüsse an Regenabfallrohre, Träger, Heizungen usw. sind bei der Zahl der Verbindungsstellen als Erdleitungen zu rechnen. Sie müssen gleichfalls abtrennbar sein.

Je sorgfältiger die Anlage aufgestellt und ausgeführt wird, um so höher ist ihr Wert.

Bei elektrischen Starkstromanlagen beobachten wir oft bei schweren Entladungen Induktionserscheinungen, welche Zähler, Glühlampen und Sicherungen zerstören. Ebenso treten in Fernsprechanlagen Induktionserscheinungen auf, welche durch geeignete Blitzschutzvorrichtungen zur Erde abgeleitet werden.

Die Blitzgefahr in Norddeutschland ist großen Schwankungen unterworfen. Im allgemeinen ist die Blitzgefahr auf dem Lande geringer als in den Städten.

Die Schäden, welche durch zündende und nicht zündende (kalte) Schläge hervorgerufen werden, sind sehr groß. In Tausenden von Mark betrugen in Preußen im Jahre 1885 die Schäden 5191. Insgesamt sind von 1885—1907 an Immobilien und Mobilien in Preußen für 117311000 M. Schaden entstanden.

Diese Zahlen beweisen die Notwendigkeit einer Vermehrung der Blitzableiteranlagen. In der heutigen Zeit darf nicht nachgelassen werden, die Verbreitung der Blitzableiteranlagen zu fördern, um großen Schäden vorzubeugen.

Sachregister.

Die Zahlen geben die Seiten an.

Zeitfracht Medien GmbH
Ferdinand-Jühlke-Straße 7
99095 Erfurt, Deutschland
produktsicherheit@kolibri360.de